多尺度冻胶分散体深部调驱理论与技术

戴彩丽　赵　光　由　庆　赵福麟　著

石油工业出版社

内 容 提 要

本书系统介绍了作者自2004年以来在多尺度冻胶分散体深部调驱技术领域取得的系列原创成果，阐述了冻胶分散体的制备理论与方法、地面成胶可控本体冻胶体系、工业化生产工艺、在线生产及注入一体化橇装装备、"冻胶分散体+"协同增效体系、深部调驱机理及典型矿场井例等内容，为多尺度冻胶分散体深部调驱技术的产业化提供了强有力支撑。

本书可供从事采油化学、提高采收率方面的科技人员使用，也可作为石油院校石油工程、油田化学等专业师生的教学参考书。

图书在版编目（CIP）数据

多尺度冻胶分散体深部调驱理论与技术 / 戴彩丽等著．

—北京：石油工业出版社，2020.12

ISBN 978-7-5183-4394-2

Ⅰ．① 多… Ⅱ．① 戴… Ⅲ．① 凝胶 – 化学驱油 Ⅳ．

① TE357.46

中国版本图书馆 CIP 数据核字（2020）第 233156 号

出版发行：石油工业出版社

（北京安定门外安华里 2 区 1 号　　100011）

网　　址：www.petropub.com

编辑部：（010）64523537　　图书营销中心：（010）64523633

经　　销：全国新华书店

印　　刷：北京中石油彩色印刷有限责任公司

2020 年 12 月第 1 版　　2020 年 12 月第 1 次印刷

787×1092 毫米　开本：1/16　印张：15.25

字数：360 千字

定价：60.00 元

前言 /PREFACE

我国油田以注水开发为主，长期注水加剧储层非均质，导致油井高含水，采收率低。聚合物冻胶是改善储层非均质、控水增油提高采收率的业界公认调驱剂，第一代铬冻胶（1988年）、第二代酚醛冻胶（2001年）已在油田控水领域得到了广泛应用。随着油气开发逐步转向深层、低渗透等复杂苛刻油藏领域，现有聚合物冻胶存在耐温抗盐有限（≤120℃，20×10⁴mg/L），地下成胶不可控、深部难注入等问题，造成控水有效期短、效果差。因此，研发具有高耐温抗盐能力、地面成胶可控、现场在线生产、注得进走得远、控水强度高的冻胶类调驱剂是油田控水技术发展的新方向。

自2004年以来，科研团队历经16年攻关，首创了地面交联可控冻胶机械剪切制备多尺度冻胶分散体的工艺技术，并在制备理论与方法、本体冻胶、工艺装备、"冻胶分散体+"体系等方面取得系列原创成果，创新形成了新一代多尺度冻胶分散体深部调驱提高采收率技术。本著作系统地阐述了冻胶分散体的制备理论与方法，研发了地面成胶可控本体冻胶体系，建立了成熟的工业化生产工艺，开发了在线生产及注入一体化橇装装备，发明了"冻胶分散体+"协同增效体系，阐明了深部调驱机理及协同增效机制。建成了年产3000吨及以上工业化生产线20条，技术成果在长庆、塔河、胜利、渤海等国内外17个油田区块开展了工业化应用，取得了显著降水增油效果，为多尺度冻胶分散体深部调驱技术的产业化提供了强有力理论支撑，推动了我国水驱开发油田提高采收率理论与技术的发展，对国际上水驱开发油田具有现实借鉴意义。

由于水平有限，书中难免有不足之处，敬请读者批评指正。

目录 /CONTENTS

第一章 概　　述

　　提高采收率是油田开发永恒的主题，也是维持我国能源战略安全的重要保证。目前我国水驱油田所占比重较大（＞80%），由于储层非均质性严重，优势通道发育，油田相继进入高含水阶段，而高含水是油田开发的"癌症"，造成采收率低、开采效益差，约 2/3 剩余油仍留在地下难以采出，尤其低渗透裂缝、高温高盐等复杂水驱油藏更为严峻。调剖堵水被公认为是一项改善水驱均衡驱替效果的提高采收率重要手段和方法，其中堵剂是保障调剖堵水成功的核心。迄今为止，冻胶（Bulk gel）是国内外油田现场调剖堵水应用最广的堵剂[1-2]。冻胶是指聚合物与交联剂分子通过分子间交联形成的具有三维空间网络状结构的黏弹体。聚合物常用部分水解聚丙烯酰胺，交联剂主要有铬离子、锆离子、酚醛树脂、聚乙烯亚胺等。冻胶堵剂具备成冻时间可控、强度可调、封堵强度高、剖面改善效果好等优势，通常采用的实施工艺是将聚合物和交联剂均匀混合溶液注入地层，关井候凝，形成堵塞物封堵地层高渗透层或大孔道空间以降低水相渗透率，最后开井生产或恢复注水，实现均衡驱替，改善水驱开发效果提高采收率（图 1-1）。由于冻胶体系具有地层交联成胶的特点，因此，冻胶的地下形成受多种因素影响，例如地面设备和近井地带渗流引起的剪切应力导致聚合物降解，冻胶成胶液在地层中吸附作用，以及由扩散引起的稀释作用等。所以注入聚合物与交联剂溶液地下成胶工艺中冻胶的成冻时间、冻胶强度、冻胶进入地层的深度难以预测，影响了调剖堵水工艺的有效性。

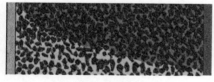

（a）优势通道发育　　　　　　　　　　　　（b）优势通道调控

图 1-1　冻胶调剖堵水作用机理示意图

　　此外，交联聚合物溶液（Linked Polymer Solution，LPS）和胶态分散凝胶（Colloidal Dispersion Gel，CDG），两者虽然称呼有所不同，但是其成胶本质是相似的，两种体系的特点是采用低浓度的聚合物和交联剂，形成以分子内交联为主、少量分子间交联的胶态分散体系，黏度较低、兼具胶体和溶液的性质[3-4]（图 1-2）。由于不存在整体连续的网络结构，因此具有深部液流方向调整和驱替的特点。随着研究的深入和矿场试验的实施，有学者认为 LPS 和 CDG 属于部分交联体系，所以性能不仅受冻胶地下成胶的影响因素，还受配液用污水的影响，耐温抗盐性能较冻胶更差，不适合高温高矿化度油藏。

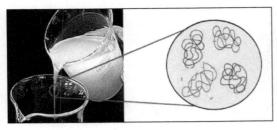 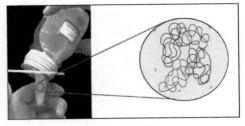

(a) 分子内交联　　　　　　　　　　　　　　　(b) 分子间交联

图 1-2　分子内交联和分子间交联的区别

为了解决冻胶成胶液地下成胶过程中反应动力学不可控情况，20 世纪 90 年代，在海南召开的第九次全国堵水会议上专家学者提出了用预交联凝胶颗粒（水膨体，PPG）封堵大孔道或高渗透层进行调剖堵水的方法。预交联凝胶颗粒主要由单体、交联剂、助剂及强度控制剂（黏土）等，在一定条件下形成具有一定吸水膨胀性能的冻胶黏弹体，再经干燥、粉碎、造粒、筛分等工序制成不同膨胀倍数、不同强度、不同粒径的系列固体颗粒[5-7]。预交联凝胶颗粒的三维立体网络结构含有大量亲水基团，具有很好的吸水膨胀性能。这种亲水特性使其在不同条件下能显著改变其体积大小，同时通过交联作用产生的三维骨架结构使其具有一定的强度，能在地层中形成堵塞，使流体流向改变。同时吸水膨胀后的黏弹体在外力作用下能发生形变，并且这种形变是可逆的，当外力减小时形变在一定程度上能恢复，调剖措施中可充分利用这种"变形虫"特点使油藏局部压力场改变，实现地层流体转向的目的（图 1-3）。但受制备条件的限制，预交联凝胶颗粒堵剂的粒径通常为 1～5mm，吸水膨胀后粒径增大到 10～100mm。由于受到地层压力影响，大多数水膨体以破碎通过孔隙的方式通过地层，这种作用机理不能完全发挥预交联凝胶颗粒的作用，颗粒的粒径不能适应深部注入的要求并且对低渗透油藏适应性不强，且无法实现连续在线生产及注入一体化。

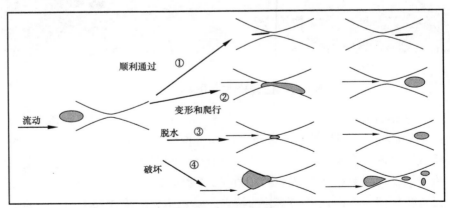

图 1-3　预交联凝胶颗粒的调驱作用形式[8]

聚合物微球，国外称为 Bright Water，最早源于 BP 石油公司提出的理念，它是一种热激发颗粒体系（Thermally Activated Particle，TAP），具有膨胀性能良好、耐温抗盐、尺寸可控等特性，达到可应用于油田提高采收率领域的目标。通常采用反相（微）乳液聚合法，以水溶性单体（丙烯酰胺 AM，丙烯酸 AA 及耐温抗盐等功能单体）为原料，通过乳化剂使其均匀分散在油相中（白油、煤油、柴油等），在机械搅拌作用下分散成微乳液，而后在引发剂作用下进行聚合反应，反应结束后形成油包水的乳液体系。合成出的微球粒径集中在纳微米尺度，特别是反向微乳液聚合法粒径分布在 10～100nm。该制备方法对反应温度、反应时间要求苛刻，需要使用大量的乳化剂，且制备工艺相对复杂。此外，还可以采用反向悬浮聚合法、分散聚合物法，合成方法不需要乳化剂，合成聚合物微球粒径相对较大。

聚合物微球深部调驱机理是通过聚合物微球在储层孔喉中运移、封堵、弹性变形、再运移、再封堵的沿程运移特征，可扩大后续注入水的波及体积[9-13]。为了充分发挥聚合物微球深部调驱作用，如何精确控制微球的粒径及粒径分布是个关键问题，微球粒径与储层岩石孔喉匹配，封堵率和微球弹性变形运移压力梯度最大，微球粒径过小，不能在孔喉处产生有效封堵，微球粒径过大，不能运移到地层深部，甚至难以注入，导致调驱效果不理想。矿场试验表明，聚合物微球多适用于低渗透油藏的深部调驱，往往不适用于高渗透层、大孔道和裂缝发育的地层。近年来，科研工作者通过设计大尺寸核壳结构微球，合成出亚微米、微米聚合物微球，并赋予微球自交联功能及地层吸附能力，从而解决上述问题。但是在低油价条件下，成本投入较高，且在注入地层过程中，微球尺寸与储层难以及时响应，导致匹配性变数较大，现场应用有一定的局限性。

鉴于冻胶、预交联凝胶颗粒和聚合物微球堵剂储层适应性及矿场应用暴露出的问题，亟须研发新型调驱体系，满足实际油藏不同渗透率的高渗透层或大孔道、裂缝发育地层动态调驱的需求，即具备"进得去、堵得住、能运移"的特性。2003 年戴彩丽教授课题组首创了以水为分散介质，机械剪切地面温和交联本体冻胶制备多尺度冻胶分散体的新理念，将化学交联反应过程从"地下移至地面"，控水机制由聚合物冻胶"灌香肠"式转变为冻胶分散体"堵孔喉"式，实现成胶过程"可视"、调控作用距离"可控"，突破了冻胶型堵剂地下成冻性能不可控，传统化学乳液聚合制备技术理念以油相作为分散介质、聚合条件精准、反应过程难控制、工艺复杂、成本高的技术瓶颈。

多尺度冻胶分散体，是不同于采用化学方法制备的聚合物微球，而是采用物理方法通过对已成胶的冻胶或交联过程中对成胶液施加一定的机械剪切作用力形成的水基自分散颗粒体系（图 1-4）[14-16]。为了适应长期在线注入深部调驱的需求，物理制备方法从起初室内基础研究的同轴圆筒剪切交联法、管流剪切交联法，经历室内小规模的高速机械剪切机法，发展至工业化规模应用的胶体磨剪切法。表 1-1 列出了几种典型堵剂的对比情况。

依据该方法制备出的多尺度冻胶分散体具有以下特征：

（1）粒径分布宽，纳米—毫米级别；

（2）低黏度（5～10mPa·s），易于注入地层深部；

（3）抗剪切，良好自生长聚结能力，更佳的深部调控作用；

（4）耐温高达 150℃，抗盐达 30×10^4mg/L，适用油藏条件范围宽；

（5）制备工艺简单，调整方便，可在线生产注入，智能调整制备参数；

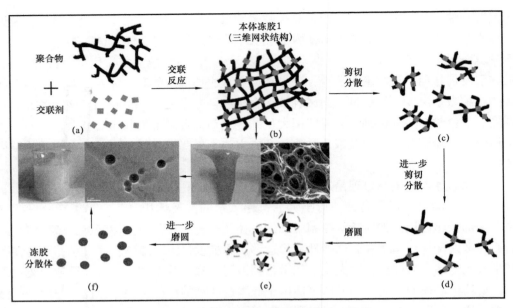

图 1-4　多尺度冻胶分散体制备流程图

表 1-1　几种典型堵剂体系的对比情况表

典型堵剂体系	堵剂体系特点	调驱作用特征	现场适用性	成本
冻胶	地下交联，受剪切、吸附、地层水稀释等影响较大、成冻时间和强度不可控	填充式封堵，使用量较大	浓度高、走不远，调控半径小，浓度低，交联差，有效期短	中
预交联颗粒	颗粒尺寸较大（1～5mm），遇水快速膨胀，易近井堆积或破碎，难以进入地层深部	变形和爬行、脱水或破碎形式	多用于大孔道或高渗透层的预处理	低
聚合物微球	多以 AM 等水溶性单体通过乳液聚合而成，精细精准化制备工艺、合成条件苛刻	封堵孔喉，变形通过，再封堵，再运移	产品参数与裂缝（孔隙）难以动态在线匹配，控水效果弱	高
冻胶分散体	以 HPAM 地面交联，环境友好；制备工艺简单，粒径可控，具有自生长特征	孔喉桥连封堵，变形运移，再桥连封堵	在线生产与注入一体化，实现"控水—有限度升压—适度调控的联动平衡"适度调控，作业工况由常规区域拓展到沙漠、丘陵、海上狭小平台等复杂环境全天候全工况的覆盖	低

（6）生产设备操作简便、制备高效，生产规模达到 2～8t/h；

（7）环境友好，满足国家绿色环保要求；

（8）低成本，20～40 元 /t（使用浓度），契合低油价下油田降本增效的理念。

以水驱开发为例，依据该方法制备出的多尺度冻胶分散体具有以下深部调驱作用特征。水驱开发过程中，注入水沿大孔道或高渗透层窜流形成水驱优势通道，导致无效水驱、小孔隙中原油无法被动用。注入冻胶分散体后，冻胶分散体颗粒沿水驱优势通道进入大孔隙中，在大孔隙中形成架桥封堵；此外，冻胶分散体颗粒依靠其自身黏弹性，可实现"变形—运移—再封堵"，实现深部调控（图1-5）。通过冻胶分散体颗粒的深部运移及架桥封堵，使后续注入水波及至含油饱和度高的小孔隙，实现扩大波及、提高采收率[17, 18]。

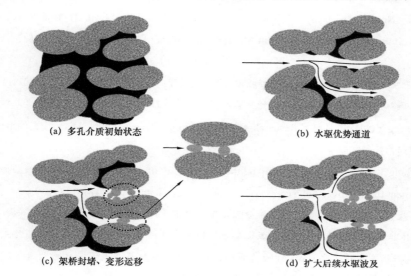

(a) 多孔介质初始状态　　　　　　　　　　(b) 水驱优势通道

(c) 架桥封堵、变形运移　　　　　　　　　(d) 扩大后续水驱波及

图1-5　冻胶分散体微观调驱机理示意图

参 考 文 献

［1］赵福麟.油田化学［M］.2版.东营：中国石油大学出版社，2010.

［2］Sydansk R.A Newly Developed Chromium（Ⅲ）Gel Technology［J］.SPE Reservoir Engineering，1990，5（3）:346–352.

［3］Mack J，Smith J.In–Depth Colloidal Dispersion Gels Improve Oil Recovery Efficiency［C］.SPE 27780，1994.

［4］Fielding R，Gibbons D，Legrand F.In–Depth Drive Fluid Diversion Using an Evolution of Colloidal Dispersion Gels and New Bulk Gels: An Operational Case History of North Rainbow Ranch Unit［C］.SPE 27773，1994.

［5］李宇乡，刘玉章，白宝君.体膨型颗粒堵水调剖技术研究［J］.石油钻采工艺，1999，21（3）:65–68.

［6］白宝君，刘伟，李良雄，等.影响预交联凝胶颗粒性能特点的内因分析［J］.石油勘探与开发，2002，29（2）:103–105.

［7］Bai B，Liu Y，Coste J，et al.Cause Study on Preformed Particle Gel for In–Depth Fluid Diversion［C］.SPE 89468，2004.

［8］Coste J，Liu Y，Bai B，et al.In–Depth Fluid Diversion by Pre–Gelled Particles.Laboratory Study and Pilot

Testing［C］.SPE 59362，2000.

［9］Pritchett J，Frampton H，Brinkman J，et al.Field Application of a New In-Depth Waterflood Conformance Improvement Tool［C］.SPE 84897，2003.

［10］Frampton H，Morgan J，Cheung S，et al.Development of a Novel Waterflood Conformance Control System［C］.SPE 89391，2004.

［11］Mustoni J，Norman C，Denyer P.Deep Conformance Control by a Novel Thermally Activated Particle System To Improve Sweep Efficiency In Mature Waterfloods of The San Jorge Basin［C］.SPE 129732，2010.

［12］雷光伦.孔喉尺度弹性微球深度调剖新技术［M］.东营：中国石油大学出版社，2011.

［13］姚传进.孔喉尺度弹性微球渗流机理的试验和模拟研究［D］.青岛：中国石油大学（华东），2014.

［14］You Q，Tang Y，Dai C，et al.Research on a New Profile Control Agent: Dispersed Particle Gel［C］.SPE 143514，2011.

［15］You Q，Tang Y，Dai C，et al.A Study on the Morphology of a Dispersed Particle Gel Used As a Profile Control Agent for Improved Oil Recovery［J］.Journal of Chemistry，2014，33: 1-9.

［16］赵光，由庆，谷成林，等.多尺度冻胶分散体制备机理［J］.石油学报，2017，38（7）：821-829.

［17］赵光.软体非均相复合驱油体系构筑及驱替机理研究［D］.青岛：中国石油大学（华东），2016.

［18］戴彩丽，邹辰伟，刘逸飞，等.弹性冻胶分散体与孔喉匹配规律及深部调控机理［J］.石油学报，2018，39（4）：427-434.

第二章 本体冻胶制备技术

多尺度冻胶分散体制备技术理念克服了聚合物冻胶堵剂成胶不可控、调控作用距离有限的技术难题，将化学交联反应过程从"地下移至地面"。该技术理念要求本体冻胶体系在地面能够快速成冻，成冻时间可控，成胶后黏度能够满足冻胶分散体制备工艺的要求。根据多尺度冻胶分散体制备技术要求和赵福麟教授对油藏类型划分标准，开展了三类典型本体冻胶的系统研究，本章介绍了这一研究成果，为多尺度冻胶分散体的工业化制备奠定基础。

第一节 本体冻胶的制备技术要求

一、油藏类型对本体冻胶的要求

参照赵福麟教授提出的按温度和地层水矿化度对油藏进行划分的标准，可分为六种油藏类型，见表2-1。多尺度冻胶分散体深部调驱要满足以下六种油藏条件，须有相对应的本体冻胶体系。对于 Ⅰ～Ⅲ 类油藏条件，温度和矿化度相对温和，现有大多数的本体冻胶可满足油藏条件下热稳定的要求。但对于Ⅳ～Ⅵ类高温高盐油藏，温度、矿化度较高，对本体冻胶的热稳定性能提出了更高的挑战。

表 2-1   按温度和地层水矿化度对油藏进行划分的标准

油藏条件	低温低盐（Ⅰ）	中温中盐（Ⅱ）	高温高盐			
			低高温低高盐（Ⅲ）	中高温中高盐（Ⅳ）	高高温高高盐（Ⅴ）	特高温特高盐（Ⅵ）
温度（℃）	<70	70～80	80～90	90～120	120～150	150～180
地层水矿化度（mg/L）	$<1 \times 10^4$	$1 \times 10^4 \sim 2 \times 10^4$	$2 \times 10^4 \sim 4 \times 10^4$	$4 \times 10^4 \sim 10 \times 10^4$	$10 \times 10^4 \sim 16 \times 10^4$	$16 \times 10^4 \sim 22 \times 10^4$

二、技术制备理念对本体冻胶技术的要求

多尺度冻胶分散体制备技术理念要求本体冻胶体系在地面能够快速成冻，成冻时间可控，成胶后黏度能够满足冻胶分散体工业化制备工艺技术的要求。参照油藏类型划分的标准及本体冻胶的发展现状，对本体冻胶规定的技术要求见表2-2。

表2-2　本体冻胶的技术要求

项目 ＼ 油藏类型	Ⅰ类油藏	Ⅱ～Ⅳ类油藏	Ⅴ～Ⅵ类油藏
配液水矿化度（mg/L）	≤30000	≤30000	≤30000
聚合物溶解时间（min）	≤60	≤60	≤60
成冻温度（℃）	20～40	90～95	100～110
成冻时间（h）	≤4	≤10	≤4
成胶后黏度（mPa·s）	≤80000	≤8000	≤80000
热稳定性（d）	≥365	≥365	≥365
原材料来源	原料来源广泛，价格低廉，便于现场大规模的应用		
环保要求	环境友好		

第二节　低温本体冻胶体系

目前常规的油田化学剂在油田开发中得到大规模的应用，但忽略了开发中化学剂对环境造成的危害，尤其是在后期处理产出液上，难以采取有效措施，对环境造成二次污染，且随着公众对环保意识的加强和世界范围内环境保护法律法规的日益严格，对微毒、无毒油田化学用剂的要求也越来越明显。针对低温低矿化度油藏的特点，以功能聚合物和有机锆交联剂制备快速成冻的锆本体冻胶体系，为制备适应Ⅰ类油藏的多尺度冻胶分散体提供支撑。

一、锆本体冻胶交联机理

有机锆中的Zr^{4+}通过络合、水解、羟桥作用，进一步水解及羟桥作用形成多核羟桥络离子，形成的多核羟桥络离子与带—COO^-的功能聚合物发生交联反应，形成锆本体冻胶，具体的反应过程如式（2-1）至式（2-5）所示[1]。

（1）络合。

$$Zr^{4+}+8H_2O \longrightarrow [(H_2O)_8Zr]^{4+} \qquad (2-1)$$

（2）水解。

高价金属离子的强正电场排斥带正电的H^+，使其从被络合的水上离开，即发生水解。

$$[(H_2O)_8Zr]^{4+}+H_2O \longrightarrow [Zr(H_2O)_7OH]^{3+}+H_3O^+ \qquad (2-2)$$

（3）羟桥作用。

$[Zr(H_2O)_7OH]^{3+}$中OH^-的氧上还有一孤对电子，可以与另一金属离子的空轨道形成σ键，产生桥联作用。

$$2\,[\,Zr(H_2O)_7OH\,]^{3+} \Longrightarrow \left[(H_2O)_6Zr\!\!<\!\!\begin{array}{c}OH\\OH\end{array}\!\!>\!\!Zr(H_2O)_6\right]^{6+}+2H_2O \qquad（2\text{-}3）$$

（4）进一步水解和羟桥作用。

进一步水解和羟桥化，聚合度增加，形成多核羟桥络离子，此反应包括水解和聚合两部分，其方程式如下：

$$\left[(H_2O)_6Zr\!\!<\!\!\begin{array}{c}OH\\OH\end{array}\!\!>\!\!Zr(H_2O)_6\right]^{6+}+p\,[\,Zr(H_2O)_7OH\,]^{3+}$$

$$\Longrightarrow \left[(H_2O)_6Zr\left\{\begin{array}{c}H_2O\ \ H_2O\\ OH\diagdown\ \diagup OH\\ \quad Zr \quad \\ OH\diagup\ \diagdown OH\\ H_2O\ \ H_2O\end{array}\right\}_p Zr(H_2O)_6\right]^{2p+6}+pH^{+}+2pH_2O \qquad（2\text{-}4）$$

形成的多核羟桥络离子与功能聚合物中的—COOH⁻反应形成锆本体冻胶，形成的结构式见式（2-5）。

$$\left[\begin{array}{c}PAM\\ H_2O\ \ H_2O\diagdown\begin{array}{c}C\\ \| \end{array}H_2O\quad H_2O\ OH\quad H_2O\quad H_2O\quad OH\quad H_2O\quad H_2O\\ H_2O\diagdown\begin{array}{c}\\Zr\\ \end{array}\diagup O\diagdown C\diagup O\diagdown\begin{array}{c}\\Zr\\ \end{array}\left\{\begin{array}{c}\\Zr\\ \end{array}\right)\begin{array}{c}\\Zr\\ \end{array}\diagup O\!=\!C\diagup O\diagdown\begin{array}{c}\\Zr\\ \end{array}\diagup H_2O\\ H_2O\diagup\quad OH\quad H_2O\quad H_2O\quad OH\quad H_2O\diagup\ \diagdown H_2O\quad H_2O\\ H_2O\ \ H_2O\quad H_2O\ \ H_2O\qquad\quad H_2O\ \ H_2O\\ PAM\end{array}\right]^{2n+4}\qquad（2\text{-}5）$$

二、锆本体冻胶成冻影响因素

采用"挑挂法"确定冻胶的成冻时间，以能挑起冻胶的时间作为成冻时间；采用突破真空度法测定本体冻胶的强度；配液水为清水，矿化度为400mg/L，成冻温度30℃。

（一）浓度影响

成胶液的浓度影响着本体冻胶成冻性能。采用清水配制1.0%的功能聚合物母液，稀释后分别加入不同质量分数的有机锆交联剂，得到一系列不同浓度聚合物和交联剂的成胶液体系。在30℃条件下，考察不同浓度的功能聚合物和有机锆交联剂对锆本体冻胶成冻性能的影响，成冻时间和冻胶强度等值图如图2-1和图2-2所示。

由图2-1和图2-2中可知，功能聚合物和有机锆交联剂形成的锆本体冻胶体系成冻时间在8～136min之间可调，成冻强度在0.04～0.071MPa之间可控。功能聚合物和有机锆交联剂浓度越大，交联越快，形成的锆本体冻胶强度越大。由于功能聚合物浓度越高，提

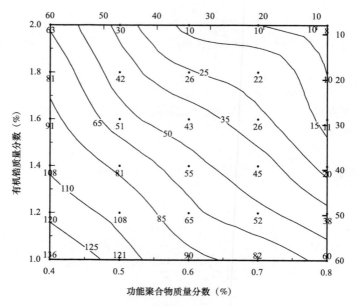

图 2-1 锆本体冻胶成冻时间（min）等值图

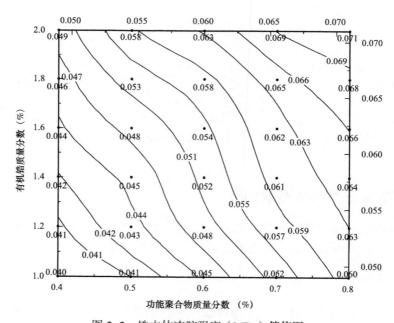

图 2-2 锆本体冻胶强度（MPa）等值图

供参与反应的—COO⁻就越多；另一方面有机锆交联剂浓度越高，溶液中形成的多核羟桥锆络离子的浓度也就越高，增加了—COO⁻与多核羟桥锆络离子的结合概率和交联度，进而形成致密的锆冻胶网络结构，使本体冻胶的强度增大。因此，在后期实验中可通过调整功能聚合物和交联剂的浓度制备不同强度的锆本体冻胶体系，进而实现不同强度多尺度冻胶分散体的制备。

图 2-3 展示了两种典型锆冻本体胶的宏观形貌，可以直观看出功能聚合物浓度越大，形成的锆本体冻胶强度越高，与上述突破真空度法测定的本体冻胶强度值实验结果一致。

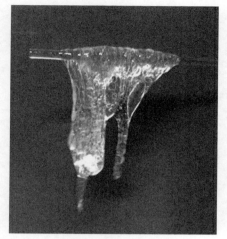 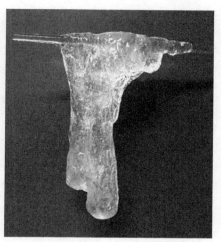

(a) 0.6%功能聚合物+1.6%有机锆交联剂　　　　(b) 0.9%功能聚合物+1.6%有机锆交联剂

图 2-3　不同配方形成的锆本体冻胶

（二）温度影响

实验考察了温度对锆本体冻胶成冻性能的影响，实验中锆冻胶配方为：0.6% 功能聚合物 +1.6% 有机锆交联剂，实验结果如图 2-4 所示。

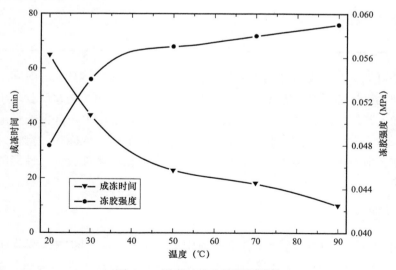

图 2-4　温度对成冻性能的影响

从图 2-4 可知，随着温度的升高，锆冻胶的成冻时间由 65min 缩短至 5min，成冻强度由 0.054MPa 增加至 0.06MPa。这是由于温度升高，分子的热运动加快，增加了—COO⁻基团与多核羟桥锆离子的结合概率，使反应加快。锆本体冻胶冻胶可以在 20℃成冻，表明制备适应用于中低温油藏调驱的多尺度冻胶分散体可在室温下进行，使得生产简单化，同时也降低了能源消耗，提高了生产效率。

（三）矿化度影响

在30℃条件下，考察了无机盐离子对锆冻胶成冻性能的影响，实验中锆本体冻胶配方为：0.6% 功能聚合物 +1.6% 有机锆交联剂，实验结果见表2-3。

表2-3　无机盐对锆冻胶成冻性能的影响

无机盐类型	浓度（%）	成冻时间（min）	成冻强度（MPa）
NaCl	1.0	35	0.054
	5.0	31	0.057
	10.0	23	0.059
	15.0	18	0.060
	20.0	14	0.062
CaCl$_2$	0.1	25	0.054
	0.3	19	0.056
	0.5	15	0.060
MgCl$_2$	0.1	24	0.054
	0.3	22	0.055
	0.5	19	0.057

由表2-3可知，三种无机盐离子的加入，使得锆本体冻胶体系成冻时间缩短，成冻强度增加。三种无机盐离子对锆冻胶成冻性能的影响顺序为：$CaCl_2 > MgCl_2 > NaCl$。由于无机盐离子的加入，压缩聚合物扩散双电层，水化膜变薄，电动电位降低，带电基团之间的排斥力减小，易于发生分子间交联反应，使得成冻时间缩短，成冻强度增大。此外，由于二价离子压缩扩散双电层的能力更强，使得二价离子对锆本体冻胶成冻性能的影响大于一价离子的影响。

（四）pH 值影响

在30℃条件下，分别向功能聚合物基液中滴加 HCl 或者 NaOH，调节功能聚合物基液的 pH 值，考察 pH 值对锆本体冻胶成冻性能的影响。实验中锆本体冻胶配方为：0.6% 功能聚合物 +1.6% 有机锆交联剂，初始基液的 pH 值为7.49，实验结果见表2-4。

从表2-4可知，pH 值过高或过低均会对锆本体冻胶的成冻性能产生影响，使成冻时间增加，成冻强度减弱。由于在过酸性条件或过碱性条件下，均会抑制多核羟桥锆离子的形成，降低成胶液中多核羟桥锆离子的浓度，聚合物中的—COO⁻基团与锆络合离子的交联度降低，进而使形成的锆冻胶强度减弱。而在原始基液 pH 值条件下，成冻效果最佳，建议多尺度冻胶分散体生产过程中，采用偏中性配液水配制成胶液。

表 2-4　pH 值对锆冻胶成冻性能的影响

pH 值	成冻时间（min）	成冻强度（MPa）
2.82	110	0.039
4.01	91	0.044
5.43	68	0.046
6.40	55	0.051
7.49	43	0.054
8.45	132	0.052
9.28	无法成冻	无法成冻

（五）锆本体冻胶微观形貌

采用 Quanta 200 FEG 场发射环境扫描电镜观察锆冻胶的微观结构，将成胶后的锆本体冻胶取少量样品放在样品台上直接进行观察，实验条件为：加速电压为 15.0kV，样品室内气体压力为 313～455Pa，温度为 0℃。实验配方为：0.6% 功能聚合物 +1.6% 有机锆交联剂，结果如图 2-5 所示。

从图 2-5 可以看出，研制的锆本体冻胶为致密有序的三维空间网状结构，该空间网状结构由典型的三部分组成：链束，网孔和节点。这种空间网状结构形成的可能原因：功能聚合物中的—COO⁻与锆多核羟桥络离子相互作用生成链束，链束与链束之间形成形状较为规则的网孔，网孔与网孔之间通过节点链接起来，进而构成致密的空间网状结构。该致密的空间网状结构将水束缚在网孔之中，使水难以从网孔结构中脱离，从而有利于锆本体冻胶的长期热稳定性，为制备稳定的多尺度锆冻胶分散体奠定了良好基础。

（六）锆本体冻胶热稳定性能

将已成冻的锆本体冻胶用安瓿瓶密封，分别放置在 30℃和 60℃恒温箱中老化一年考察锆本体冻胶的热稳定性，实验结果见表 2-5。可知，锆本体冻胶在 30℃和 60℃放置一年后，均无明显脱水现象，强度稍有下降，但下降幅度较小，强度保留率仍在 85% 以上，表明制备的锆本体冻胶体系具有良好的热稳定性。这主要与锆本体冻胶的致密网状结构有关，网络越致密，水越难从网孔中脱离，从而使锆本体冻胶具有较好的热稳定性，为制备锆冻胶分散体奠定了良好的基础。

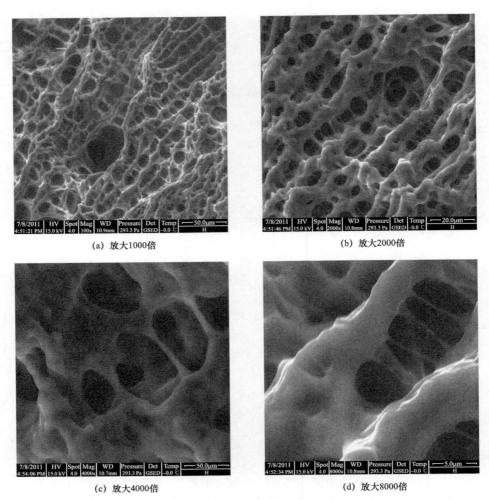

(a) 放大1000倍   (b) 放大2000倍

(c) 放大4000倍   (d) 放大8000倍

图 2-5　不同放大倍数的锆本体冻胶微观形貌[2]

表 2-5　锆本体冻胶稳定性考察

锆本体冻胶		30℃老化一年		60℃老化一年	
功能聚合物（％）	有机锆交联剂（％）	脱水情况	强度保留率（％）	脱水情况	强度保留率（％）
0.6	0.8	无	87.85	无	85.59
0.6	1.0	无	95.04	无	91.66
0.6	1.2	无	95.64	无	92.29
0.6	1.4	无	96.71	无	93.4
0.6	1.6	无	96.78	无	93.51
0.8	0.8	无	88.33	无	84.92

续表

锆本体冻胶		30℃老化一年		60℃老化一年	
功能聚合物（%）	有机锆交联剂（%）	脱水情况	强度保留率（%）	脱水情况	强度保留率（%）
0.8	1.0	无	94.64	无	91.28
0.8	1.2	无	95.87	无	92.53
0.8	1.4	无	97.73	无	94.41
0.8	1.6	无	97.78	无	94.57
1.0	0.8	无	98.24	无	94.84
1.0	1.0	无	97.14	无	93.8
1.0	1.2	无	97.94	无	94.63
1.0	1.4	无	98.13	无	94.82
1.0	1.6	无	98.43	无	95.22

第三节　中高温本体冻胶体系

随着油藏温度、矿化度的升高，冻胶分散体对本体冻胶的要求也越来越高。基于目前国内外冻胶的发展现状和本课题组的积累，综合考虑多尺度冻胶分散体的制备技术要求和经济成本，研发地面快速交联的树脂类本体冻胶制备多尺度冻胶分散体，以满足Ⅱ～Ⅳ类油藏深部调驱的需求。

一、本体冻胶交联机理

树脂类本体冻胶是由Ⅱ型功能聚合物、树脂交联剂和促凝剂形成。实验采用的树脂交联剂是由苯酚、甲醛在氢氧化钠催化下缩聚形成的[3-6]，反应式如图2-6所示。

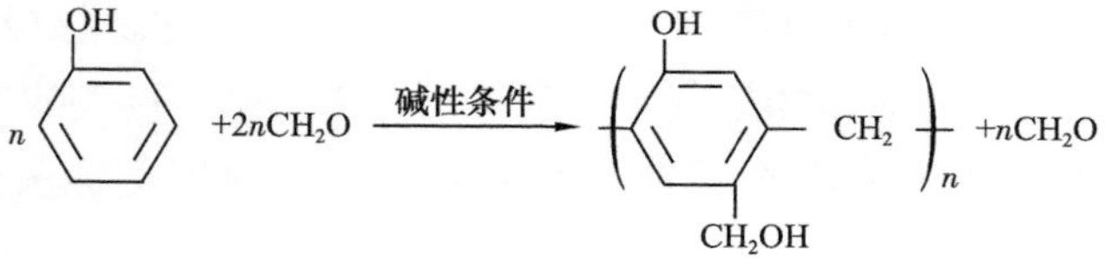

图2-6　树脂交联剂形成机理

甲醛、苯酚等通过预缩聚反应降低了毒性，制得的树脂交联剂与Ⅱ型功能聚合物、促凝剂交联后形成的本体冻胶具有很好的热稳定性，其交联机理如图2-7所示，Ⅱ型功能聚合物中的酰胺基（—$CONH_2$）与树脂交联剂中的羟基（—CH_2OH）脱水缩合反应形成本体冻胶。

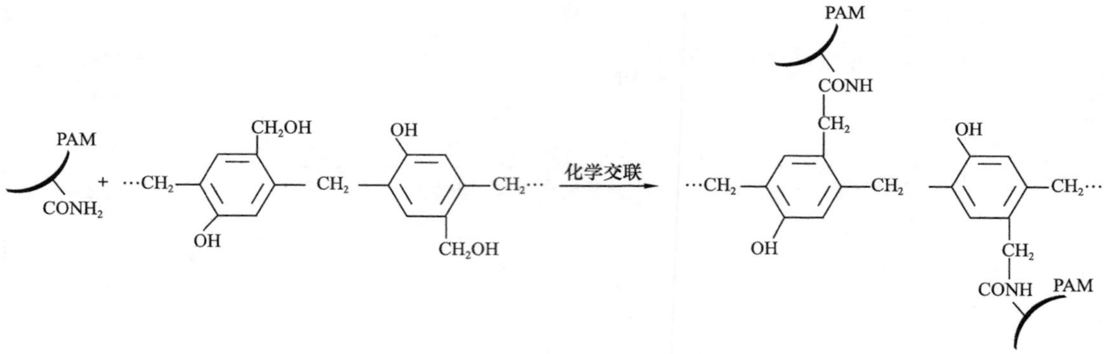

图 2-7　树脂类本体冻胶形成机理[7]

二、树脂类本体冻胶成冻影响因素

树脂本体冻胶的性能直接决定了多尺度冻胶分散体生产工况的适应性和冻胶分散体的调驱效果。本研究从Ⅱ型功能聚合物浓度、交联剂浓度、促凝剂浓度、温度、矿化度和剪切作用对本体冻胶的成冻影响因素进行了系统考察，以满足现场制备本体冻胶和多尺度冻胶分散体生产的技术要求。采用 GSC 强度代码法确定本体冻胶的成冻时间[8]；采用突破真空度法测定本体冻胶的强度；采用脱水率和强度保留率表征本体冻胶的热稳定性，本体冻胶脱水率越低，老化后本体冻胶强度越高，说明制备的本体冻胶热稳定性越好，其中配液水为清水，矿化度为 400mg/L，成冻温度为 95℃。

（一）Ⅱ型功能聚合物浓度影响

Ⅱ型功能聚合物构成本体冻胶结构的骨架，直接决定了本体冻胶的成冻性能。实验中固定树脂交联剂的浓度为 1.2%，促凝剂的浓度为 0.1%，考察Ⅱ型功能聚合物浓度对冻胶成冻时间和强度的影响，实验温度 95℃，结果如图 2-8 所示。随着Ⅱ型功能聚合物浓度的增加，本体冻胶的强度增加，冻胶的成冻时间缩短，符合冻胶成冻规律。由于聚合物浓度越高，提供参与反应的酰胺基（—NH_2OH）就越多，越易与羟基发生脱水缩合反应，增加了反应速率，同时较多的酰胺基与羟基结合越紧密，形成的本体冻胶强度越高。研发的树脂本体冻胶成冻时间在 6～18h 之间可调，满足多尺度冻胶分散体的制备技术要求。

（二）交联剂浓度影响

固定Ⅱ型功能聚合物的浓度为 0.4%，促凝剂的浓度为 0.1%，配制系列不同浓度的交联剂成胶液体系，在 95℃条件下，考察交联剂浓度对树脂本体冻胶成冻性能的影响，实验结果如图 2-9 所示。

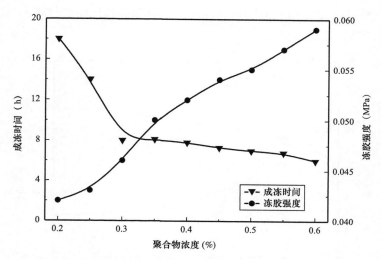

图 2-8　聚合物浓度对本体冻胶成冻时间和冻胶强度的影响

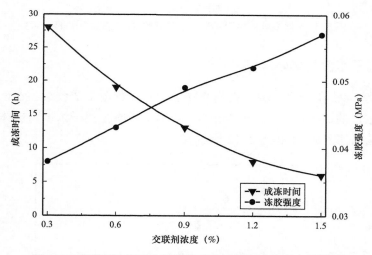

图 2-9　交联剂浓度对本体冻胶成冻时间和冻胶强度的影响

　　由图 2-9 可知，本体冻胶强度随着交联剂浓度的增加而增加，成冻时间随浓度的增加而缩短。这是由于交联剂浓度越高，提供参与反应的羟基（—CH₂OH）越多，增加了与酰胺基的接触概率和交联密度，进而降低了成冻时间，增加了本体冻胶的强度。地面制备树脂本体冻胶时，也可通过调节交联剂的浓度实现本体冻胶的快速成胶。

（三）促凝剂浓度影响

　　物理制备法制备本体冻胶要求成冻时间短，若时间过长，则会对能源消耗过多，造成成本过高。固定Ⅱ型功能聚合物浓度为 0.4%，交联剂浓度为 1.2%，95℃下成胶，考察促凝剂浓度对成冻时间的影响，如图 2-10 所示。可知，随着促凝剂浓度的增加，本体冻胶的成冻时间由初始的 20h 缩短至 10h 内，表明促凝剂的加入能够显著降低成冻时间。这是因为促凝剂加入之后，能够对已有的本体冻胶网格结构进行加密，使得本体冻胶的网络结构更容易结合，缩短了成冻时间。

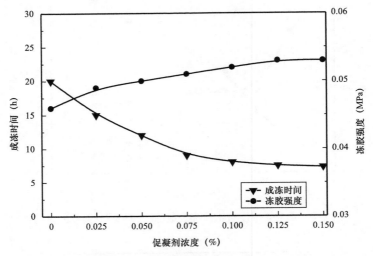

图 2-10　促凝剂浓度对本体冻胶成冻时间和冻胶强度的影响

（四）盐离子浓度的影响

配制浓度为 0.4% 聚合物 +1.2% 树脂交联剂 +0.1% 促凝剂成胶液，在该成胶液中分别加入不同质量浓度的 NaCl、$CaCl_2$ 与 $MgCl_2$，95℃下考察盐离子浓度对本体冻胶成冻性能的影响，实验结果如图 2-11 和图 2-12 所示。

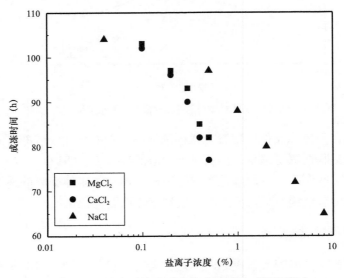

图 2-11　盐离子浓度对本体冻胶成冻时间的影响

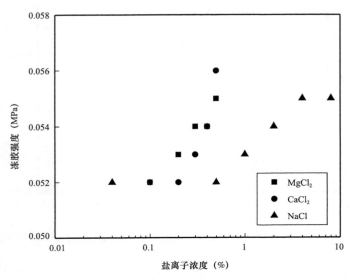

图 2-12 盐离子浓度对本体冻胶强度的影响

由图 2-11 和图 2-12 可知，随着盐离子浓度的增加，本体冻胶的成冻时间缩短，成冻强度增加。当 NaCl、$CaCl_2$ 与 $MgCl_2$ 浓度分别达到 8%、0.6% 与 0.6% 时，本体冻胶仍保持较高的浓度，说明制备的本体冻胶具有较高的抗盐性能。三种无机盐离子对本体冻胶的影响为：$CaCl_2$＞$MgCl_2$＞NaCl。由于无机盐离子的加入，压缩聚合物扩散双电层，导致水化膜变薄，电动电位降低，带电基团之间的排斥力减小，使得交联反应易于进行，成冻时间缩短，成冻强度增大，因此，加入适量的无机盐促进了交联反应进行。但二价离子的影响大于一价离子的影响，由于 Na^+ 为一价阳离子，Ca^{2+}、Mg^{2+} 为二价阳离子，Ca^{2+}、Mg^{2+} 的电荷比为 Na^+ 的 2 倍，具有更强压缩聚合物扩散双电层的能力，而且浓度越高压缩能力越强，使得交联反应易于进行[9]。树脂本体冻胶在不同盐离子浓度配液水中均能够成冻，表明该本体冻胶体系具有良好的适应性，为多尺度冻胶分散体适应不同地区的工业化生产奠定了良好的基础。

（五）温度影响

采用清水配制浓度为 0.4% 聚合物 +1.2% 树脂交联剂 +0.1% 促凝剂的成胶液，将配制好的成胶液密封分别放置不同温度条件下考察其成冻时间，待成冻后，室温下测定本体冻胶强度，实验结果如图 2-13 所示。当温度由 80℃增加到 105℃时，本体冻胶的成冻时间由 38h 缩短至 6h，成冻强度由 0.048MPa 增加至 0.052MPa。由于温度升高，分子的热运动加快，增加了聚合物酰胺基团与羟基基团的接触概率，加速了本体冻胶的交联进程。考虑到现场操作安全性及反应釜的耐压特点，多尺度冻胶分散体工业化生产时选择在 90～95℃温度条件下制备本体冻胶体系。

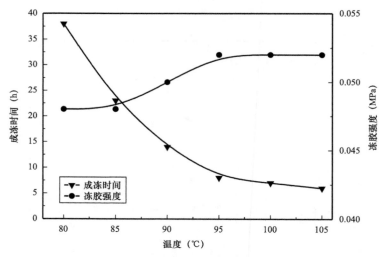

图 2-13　温度对本体冻胶成冻时间和冻胶强度的影响

（六）剪切作用影响

成胶液在地面设备搅拌过程中会受到机械剪切作用，影响成冻性能。实验配制 0.4% 聚合物 +1.2% 树脂交联剂 +0.1% 促凝剂的成胶液，采用 Waring 搅拌器分别剪切不同时间，模拟剪切作用对本体冻胶成冻性能的影响，实验温度为 95℃，剪切速度 1000r/min，实验结果如图 2-14 所示。

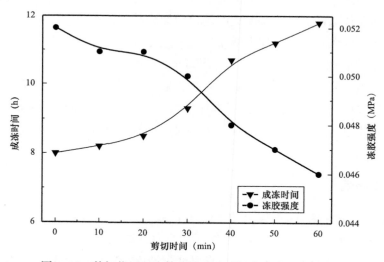

图 2-14　剪切作用对本体冻胶成冻时间和冻胶强度的影响

由图 2-14 可知，随着剪切时间的增加，本体冻胶的成冻时间增加，冻胶强度降低。剪切作用造成聚合物分子链缩短，破坏了分子结构，导致最终形成的本体冻胶强度降低。但当剪切作用消失后，聚合物分子重新聚集参与交联反应形成本体冻胶，使得形成本体冻胶强度仍保持 80% 以上，表明该本体冻胶体系具有较好的抗剪切能力。

三、树脂本体冻胶耐温性能

（一）稳定性考察

将已成冻的本体冻胶采用安瓿瓶密封，分别静置在30℃和95℃恒温箱中老化一年，考察本体冻胶的稳定性，实验结果见表2-6。

表2-6 树脂本体冻胶稳定性考察

编号	聚合物（%）	交联剂（%）	促凝剂（%）	30℃老化一年		95℃老化一年	
				脱水情况（%）	强度保留率（%）	脱水情况（%）	强度保留率（%）
1	0.3	0.9	0.1	无	91.35	2	83.76
2	0.3	1.2	0.1	无	92.41	2	84.37
3	0.3	1.5	0.1	无	93.26	1	85.67
4	0.4	0.9	0.1	无	92.54	1	87.87
5	0.4	1.2	0.1	无	93.78	无	89.42
6	0.4	1.5	0.1	无	94.67	无	91.08
7	0.5	0.9	0.1	无	92.87	无	90.17
8	0.5	1.2	0.1	无	94.56	无	91.75
9	0.5	1.5	0.1	无	97.85	无	92.18

从表2-6可以看出，树脂本体冻胶在30℃、95℃放置老化后，无明显脱水现象。虽然本体冻胶强度稍微降低，但下降幅度不大，说明制备的本体冻胶具有较好热稳定性。由于制备本体冻胶具有致密的网状结构，能够阻止束缚水从本体冻胶结构中脱离，保证其具有较高的强度和热稳定性。

（二）本体冻胶耐温性能分析

为了进一步说明本体冻胶的热稳定性，利用差示扫描量热仪（DSC）分析了本体冻胶分子内或分子之间化学键的破坏温度。实验扫描温度范围为50～150℃，升温速度为2.0℃/min，氮气流量为20mL/min，实验中所用本体冻胶的配方为：0.4% Ⅱ型功能聚合物+1.2%树脂交联剂+0.1%促凝剂，成冻温度95℃，实验结果如图2-15所示。树脂本体冻胶的DSC曲线在120℃之前具有较宽的平缓区域，120℃之后曲线开始急剧上升，表明本体冻胶在此温度以下性能稳定，结构强韧，具有很强的耐热性能。随着温度的升高，DSC曲线急剧下降，表明本体冻胶结构内一小部分键能较低的化学键开始吸热断裂，但是这些化学键的数量较少，并未影响冻胶的本体强度，因此曲线变化相对平缓。当温度达到

120℃时，DSC 曲线急剧上升，说明本体冻胶的结构受到大范围的破坏，本体冻胶的相态发生转变，由不流动状态转变为液态，失去原有的强度，说明本体冻胶结构已经遭受完全破坏[10]。因此，制备的树脂本体冻胶适用油藏温度应小于 120℃。

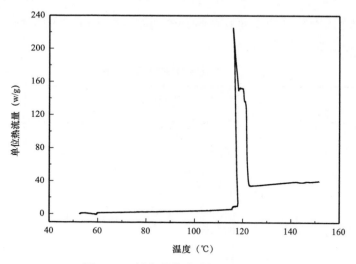

图 2-15　树脂本体冻胶的 DSC 曲线

从本体冻胶的成冻影响因素分析可知，聚合物和交联剂浓度决定了本体冻胶强度，本体冻胶具有耐温、抗盐、抗剪切、热稳定性的特点，耐温达 120℃，能够满足制备多尺度冻胶分散体的需要。由于多尺度冻胶分散体制备过程中仅对本体冻胶进行物理破碎，没有改变本体冻胶的化学性质，因此，由树脂本体冻胶制备的多尺度冻胶分散体也具有耐温、抗盐、热稳定性的特点。

四、树脂本体冻胶微观形貌

为避免本体冻胶结构遭受破坏，采用 Quanta 200 环境扫描电镜（ESEM）直接观察树脂本体冻胶的微观形貌。实验时，从本体冻胶内部取约 0.3cm×0.3cm 样品放入铜台中，调整参数进行观察。初始压力设定为 313～455Pa，温度设定为 0℃，加速电压为 15kV，工作距离为 5～10mm。实验中所用本体冻胶的配方为：0.4% Ⅱ 型功能聚合物 +1.2% 树脂交联剂 +0.1% 促凝剂，成冻温度 95℃，实验结果如图 2-16 所示。

由图 2-16 可知，本体冻胶成胶后形成了致密连续的三维结构，该三维致密结构中无孔隙，说明聚合物与交联剂分子之间交联密度大、强度高。环境扫描电镜结果进一步表明冻胶表面分布了众多粒径为 1～3μm 的球体，该球体紧密相连嵌在连续的冻胶表面。在本体冻胶形成的过程中，聚合物中的酰胺基和酚醛树脂中的羟基通过脱水缩合作用形成致密球状结构，这种结构有利于将束缚水锁在冻胶内部，在高温条件下不利于束缚水从球状结构中逸出，进而增强本体冻胶的长期热稳定性[11]。机械剪切法制备冻胶分散体过程中，仅对本体冻胶施加物理剪切作用，而不破坏本体冻胶的化学结构。因此，以此本体冻胶形成的冻胶分散体仍能将束缚水锁在球状结构中，使得制备的冻胶分散体具备较高的热稳定性。

图 2-16 本体冻胶微观形貌

第四节 高高温本体冻胶体系

对于 V、Ⅵ类油藏，温度、矿化度较高，传统的本体冻胶体系交联密度低，强度弱，耐温抗盐能力差。通过引入无机纳米颗粒增强剂，与聚合物、交联剂杂化交联，研发出耐高温（150℃）抗高盐（30×10⁴mg/L）的无机纳米颗粒强化本体冻胶体系，从而提升多尺度冻胶分散体的耐温抗盐能力。

一、强化本体冻胶交联机理

无机纳米颗粒强化本体冻胶由Ⅲ型功能聚合物、六亚甲基四胺（HMTA）、间苯二酚和无机纳米颗粒增强剂组成。通过交联剂分解、反应、纳米颗粒吸附形成耐高温抗高盐的本体冻胶体系[12-14]。

（1）六亚甲基四胺在酸性环境或高温下分解形成甲醛（CH_2O）和氨（NH_3），见式（2-6）：

$$（CH_2）_6N_4+6H_2O \longrightarrow 6CH_2O+4NH_3 \qquad （2-6）$$

（2）甲醛（CH_2O）与间苯二酚反应生成 2，5—二羟甲基对苯二酚，见式（2-7）：

$$（2-7）$$

（3）2，5—二羟甲基对苯二酚单体进行缩聚反应生成酚醛树脂预聚体，即与聚合物分子交联的交联剂，见式（2-8）：

$$（2-8）$$

（4）聚合物分子中的酰胺基（—$CONH_2$）与交联剂中的羟基（—CH_2OH）交联，从而构成稳定均匀分布的三维网状结构，见式（2-9）：

$$（2-9）$$

通过调整交联反应条件影响以上四个步骤，可以控制无机纳米颗粒强化本体冻胶的成冻时间和成冻强度。

在上述交联反应过程中，通过加入无机纳米颗粒，可进一步提高本体冻胶体系的耐高温抗高盐性能。无机纳米颗粒对本体冻胶的强化作用主要表现在两个方面：成冻强度的增强和耐温性能的增强。其强化机理可从以下两方面阐明。

（1）无机纳米颗粒吸附、填充在聚合物链束和本体冻胶网状结构中，形成一定的微观排列结构，对本体冻胶的微观骨架结构形成强有力支撑，提高了本体冻胶的结构强度，如图 2-17 所示。

（2）无机纳米颗粒提高本体冻胶体系中的束缚水比例。无机纳米颗粒表面存在大量的羟基（—OH），羟基与水分子形成氢键，使部分原为自由水的水分子成为束缚水；另一方面，无机纳米颗粒表面带负电荷，使得水合氢离子受到静电吸引，进一步使部分自由水转

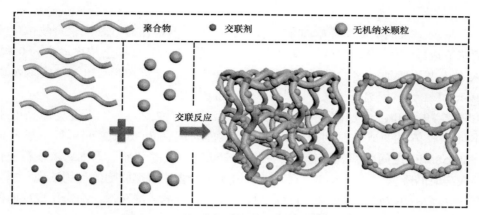

图 2-17　无机纳米颗粒强化本体成冻示意图

变为束缚水，如图 2-18 所示。氢键和静电吸引使本体冻胶体系中的部分自由水转变为束缚水，明显增加了本体冻胶体系中束缚水所占比例，束缚水占比越高，冻胶体系的亲水性越强，使水分子不易从有机—无机杂化本体冻胶中脱离析出，从而具有更好的持水能力和耐温能力。

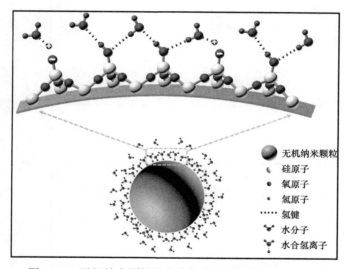

图 2-18　无机纳米颗粒强化本体冻胶束缚水比例示意图

二、强化本体冻胶的成冻影响因素

成冻时间通过黏度法测得，成冻过程中成胶液表观黏度拐点对应的时间为成冻时间（h）；成冻强度通过突破真空度法测得，脱水率和强度保留率表征无机纳米颗粒强化本体冻胶的热稳定性。本研究从聚合物、交联剂、无机纳米颗粒材料、温度和剪切作用方面对无机纳米颗粒强化本体冻胶的基本性能进行了考察，以满足多尺度冻胶分散体制备和现场应用的技术要求。

（一）浓度对成冻性能的影响

聚合物及交联剂浓度是影响本体冻胶成胶的关键因素，通过改变聚合物浓度或交联剂浓度调节成冻时间和成冻强度。评价聚合物浓度影响时，交联剂浓度固定为 0.3%；评价交联剂浓度影响时，聚合物浓度固定为 0.6%。固定成冻温度 120℃，模拟水矿化度 $2.1 \times 10^5 mg/L$（钙、镁离子浓度分别为 $8.0 \times 10^3 mg/L$）。

由图 2-19 可知，通过改变聚合物或交联剂的使用浓度，可以调整无机纳米颗粒强化本体冻胶体系的成冻时间及成冻强度，成冻时间在 8～22h 之间可控，成冻强度在 0.033～0.058MPa 之间可调。随着聚合物或者交联剂浓度的增加，无机纳米颗粒强化本体冻胶的成冻时间降低，成冻强度提高。由于增加聚合物或者交联剂的使用浓度，提供了更多参与交联反应的酰胺基和羟基，进而加快了本体冻胶的成冻速率，缩短了成冻时间，并增加了本体冻胶的交联密度、提高了成冻强度。

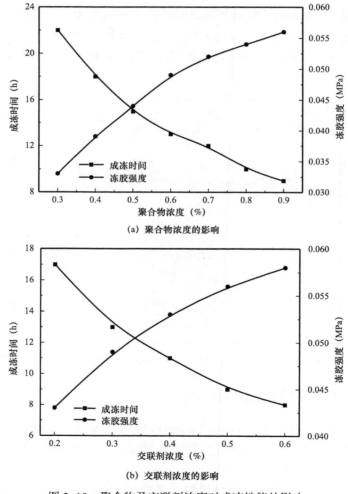

(a) 聚合物浓度的影响

(b) 交联剂浓度的影响

图 2-19　聚合物及交联剂浓度对成冻性能的影响

（二）无机纳米颗粒对成冻性能的影响

实验考察了无机纳米颗粒对本体冻胶成冻性能的影响，其中聚合物浓度为 0.3%，交联剂 A 浓度为 0.3%，交联剂 B 浓度为 0.3%，温度为 120℃，实验结果如图 2-20、图 2-21 所示。可知，本体冻胶成胶液中加入纳米材料后，可以明显缩短成冻时间，未添加无机纳米颗粒时，成冻时间约 22h，随着纳米颗粒添加量增加至 0.3%，成冻时间缩短至约 12h。纳米材料对本体冻胶强度具有明显强化效果，当纳米材料浓度增加至 0.3% 时，成冻强度提高至 0.06MPa。由图 2-21 所示的本体冻胶实物照片可知，加入纳米颗粒后，本体冻胶成冻后的整体强度有明显提升。

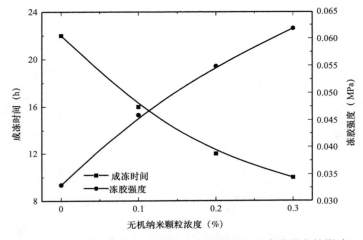

图 2-20　无机纳米颗粒对本体冻胶成冻时间和冻胶强度的影响

　　（a）未添加　　　　　　　　（b）0.2% 无机纳米颗粒

图 2-21　无机纳米颗粒对本体冻胶成冻强度的影响

（三）温度对成冻性能的影响

温度是决定本体冻胶体系交联过程的主要因素之一。通过典型本体冻胶配方，对比分析了温度对无机纳米颗粒强化本体冻胶成冻性能的影响。实验配方为：0.6% 聚合物 +0.3% 交联剂 A+0.3% 交联剂 B，无机纳米颗粒的浓度为 0.2%，结果如图 2-22 所示。温度对本体冻胶的成冻性能具有较大影响，随着温度的升高，本体冻胶的成冻强度显著提高，成冻时间明显缩短。温度升高，成胶液中分子热运动增强，为交联反应提供了更多能量，参与反应的聚合物分子与交联剂之间增多，提高了分子间的有效碰撞接触概率，从而使反应速率更快、交联密度更高，表现为成冻时间更短，成冻强度更高。

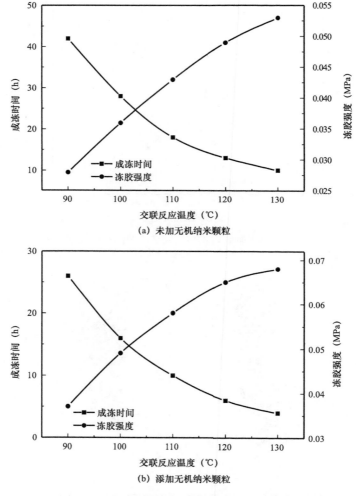

图 2-22　温度对本体冻胶体系成冻性能的影响

三、强化本体冻胶热稳定性

以脱水率和强度保留率为指标考察了高温老化对本体冻胶的影响，实验结果见表

2-7。两种本体冻胶样品120℃老化90d后，均未出现脱水情况，虽然强度略有降低，但降幅不大，表明研发的高高温本体冻胶体系具有良好热稳定性。另外，加入无机纳米颗粒强化本体冻胶的强度保留率高于未加入的本体冻胶，表明无机纳米颗粒的加入，可有效提高本体冻胶的热稳定性。

通过差示扫描量热法进一步评价了本体冻胶体系的耐温能力，如图2-23所示。从DSC曲线可知，未添加无机纳米颗粒的本体冻胶DSC曲线拐点温度约为138.0℃，在此之前，随着温度的升高，冻胶样品吸收热量。当温度达到138.0℃时，本体冻胶样品开始释放热量，这意味着此时样品所吸收能量已经超过了样品中化学键断裂的能量势垒，导致化学键开始断裂，破坏了本体冻胶结构[15-16]。当温度超过138.0℃后，本体冻胶结构被大量破坏，冻胶相态发生转变，失去稳定性。由此可知，未添加无机纳米颗粒的本体冻胶体系临界稳定温度为138.0℃。同理可知，当本体冻胶中添加无机纳米颗粒强化后，本体冻胶保持热稳定的临界温度可由138.0℃分别提高至约146.0℃、151.0℃、156.0℃。由以上结果可知，研发的本体冻胶体系可以满足高高温油藏耐温稳定性要求，并且添加无机纳米颗粒能够显著提高本体冻胶的热稳定性。

表 2-7　本体冻胶高高温老化稳定性

方案	老化 30d		老化 60d		老化 90d	
	脱水情况	强度保留率（%）	脱水情况	强度保留率（%）	脱水情况	强度保留率（%）
0.6% 聚合物 +0.3% 交联剂 A+0.3% 交联剂 B	无	94.3	无	89.4	无	88.5
0.6% 聚合物 +0.3% 交联剂 A+0.3% 交联剂 B+0.2% 无机纳米颗粒	无	97.7	无	95.2	无	94.6

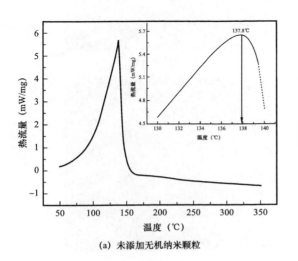

(a) 未添加无机纳米颗粒

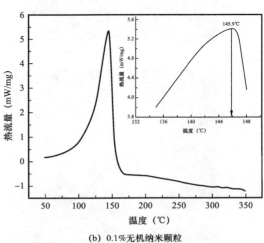

(b) 0.1%无机纳米颗粒

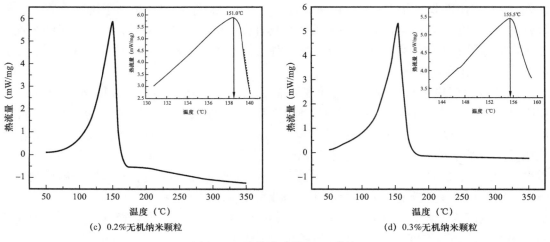

(c) 0.2%无机纳米颗粒　　　　　　　　(d) 0.3%无机纳米颗粒

图 2-23　本体冻胶的 DSC 曲线

四、强化本体冻胶微观形貌

利用环境扫描电镜（ESEM）对比分析了无机纳米颗粒添加前后本体冻胶体系的微观结构。图 2-24 显示了两种本体冻胶样品的 ESEM 照片，可知，聚合物中的酰胺基

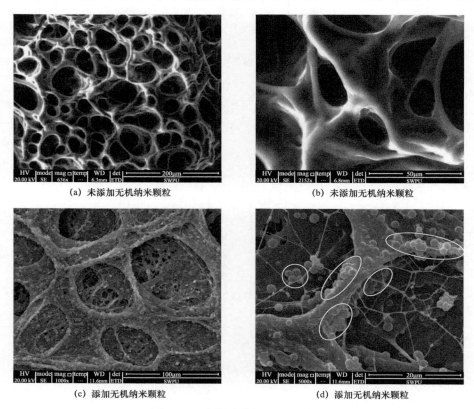

(a) 未添加无机纳米颗粒　　　　　　　　(b) 未添加无机纳米颗粒

(c) 添加无机纳米颗粒　　　　　　　　(d) 添加无机纳米颗粒

图 2-24　本体冻胶的 ESEM 照片

（—CONH$_2$）与交联剂形成的羟基（—CH$_2$OH）交联，构成交联节点，形成了致密的三维网状结构。当加入无机纳米颗粒之后，纳米颗粒吸附在本体冻胶骨架及网状结构中，纳米颗粒的吸附和排列对本体冻胶的微观骨架形成支撑，提高了本体冻胶的整体强度；另一方面，由于无机纳米颗粒表面存在羟基和负电荷，加入后，本体冻胶中的部分自由水受氢键和静电吸引作用转变为束缚水，明显增加了本体冻胶体系中束缚水所占比例，使水分子不易从本体冻胶中脱离析出，进而强化了本体冻胶的持水能力和稳定性。

参 考 文 献

［1］赵福麟.油田化学［M］.2版.东营：中国石油大学出版社，2010：132-134.

［2］马丽萍，赵光，杨棠英，等.锆冻胶反应进程、微观结构及成冻影响因素研究［J］.油田化学，2015，32（1）：48-52.

［3］赵福麟.采油用剂［M］.东营：石油大学出版社，1996：57-59.

［4］戴彩丽，张贵才，赵福麟.影响醛冻胶成冻因素的研究［J］.油田化学，2001，18（1）：24-27.

［5］Bryant L，Bartosek M，Lockhart T.Laboratory Evaluation of Phenol-Formaldehyde Polymer Gelants for High-Temperature Applications［J］.Journal of Petroleum Science and Engineering，1997，17：197-209.

［6］Zhao G，Dai C，Chen A，et al.Experimental Study and Application of Gels Formed by Nonionic Polyacrylamide and Phenolic Resin for In-Depth Profile Control［J］.Journal of Petroleum Science and Engineering，2015，135，552-560.

［7］赵光.软体非均相复合驱油体系构筑及驱替机理研究［D］.青岛：中国石油大学（华东），2016，15-16.

［8］Sydansk R.Conformance Improvement in a Subterranean Hydrocarbon Bearing Formation Using a Polymer Gel［P］.US Patent，No.4683949，1987.

［9］Tang J，Tung M，Zeng Y.Compression Strength and Deformation of Gellan Gels Formed with Mono-and Divalent cations［J］.Carbohydrate Polymers，1996，29：11-16.

［10］Henry E，An L.Fall-Off from Extrapolated Values of All Chemical Reactions at Very High Temperatures［J］.Proceedings of the National Academy of Sciences，1975.

［11］Zhao G，Dai C，Zhao M，et al.The Use of Environmental Scanning Electron Microscopy for Imaging the Microstructure of Gels for Profile Control and Water Shutoff Treatments［J］.Journal of Applied Polymer Science，2014，131，2231-2239.

［12］Ahmad M.A Review of Thermally Stable Gels for Fluid Diversion in Petroleum Production［J］.Journal of Petroleum Science and Engineering，2000，26（1）：1-10.

［13］Sengupta B，Sharma V，Udayabhanu G.Gelation Studies of an Organically Cross-Linked Polyacrylamide Water Shut-Off Gel System at Different Temperatures and pH［J］.Journal of Petroleum Science and Engineering，2012，81（none）：145-150.

［14］Liu Y，Dai C，Wang K，et al.New Insights into the Hydroquinone（HQ）-Hexamethylenetetramine（HMTA）

Gel System for Water Shut-Off Treatment in High Temperature Reservoirs [J]. Journal of Industrial and Engineering Chemistry, 2016, 35:20-28.

[15] Liu Y, Dai C, Wang K, et al.Study on a Novel Cross-Linked Polymer Gel Strengthened with Silica Nanoparticles [J] .Energy & Fuels, 2017, 31 (9): 9152-9161.

[16] Zhao G, Dai C, You Q, et al.Study on Formation of Gels Formed by Polymer and Zirconium Acetate [J]. Journal of Sol-Gel Science and Technology, 2013, 65 (3): 392-398.

第三章　多尺度冻胶分散体制备技术

采用数学理论方法分析了机械剪切法制备多尺度冻胶分散体的技术可行性。基于物理剪切装置，从本体冻胶、机械剪切参数、制备方式优化了多尺度冻胶分散体的生产工艺参数。根据黏度变化特征阐述了多尺度冻胶分散体剪切交联反应过程中的制备机理。建立了多尺度冻胶分散体粒径与制备装置工艺参数的关系，开发了多尺度冻胶分散体工业化制备软件，并设计了工厂车间和撬装式工业化生产线，实现了多尺度冻胶分散体简单化、智能化的工业化高效生产。

第一节　冻胶分散体制备工艺方法形成

多尺度冻胶分散体是采用机械剪切法对地面已成冻的本体冻胶施加一定的剪切作用力形成的。目前国内外机械剪切法主要包括四类：同轴圆筒剪切交联法、管流剪切交联法、高速剪切机法和胶体磨剪切法。同轴圆筒剪切交联法由国外 Chauveteau 学者[1-2]提出，但该方法采用的同轴圆筒较小，最大缺点是不能够适应工业化生产，只能用于实验室研究。管流剪切交联法主要以赵福麟、由庆等[3-5]提出以蠕动泵为剪切设备的制备方法，但受制于蠕动泵管径的影响，排量较小，每小时仅制备 5～20mL，无法满足现场应用的需求。2009 年，戴彩丽，赵光等[6-8]学者提出了以改进型胶体磨为制备设备的物理剪切法，具有生产高效（0～12t/h）、设备操作简单、可连续生产的特点，在矿场具有应用的可行性。因此，本节采用数学理论方法分析了胶体磨法制备多尺度冻胶分散体的技术可行性。

胶体磨主要由定子、转子（图 3-1）组成，当流体通过定转子间隙时，依次通过粗磨碎区、细磨碎区、超细磨碎区三道磨碎区，经过定转子的高速相对运动对流体产生剪切、研磨、高频振动作用，使流体破碎成型。根据流体在定转子之间的流动状态建立相关的数学模型，分析胶体磨剪切法制备冻胶分散体的可行性。

(a) 定子

(b) 转子

图 3-1　胶体磨定转子

流体在胶体磨的三道磨碎区域（粗磨碎区、细磨碎区、超细磨碎区）的间隙流动形态相同，可以从单层的间隙流动形态进行分析。为了便于模型的建立，在进行理论分析时，假设流体流动形式为层流流动，流体在定转子之间做周向流动，其中定转子间隙为 σ，转子半径为 r，角速度为 ω，建立如图 3-2 所示的坐标系，在 X 轴方向上，流体流动速度与 X 轴方向无关，由于受到摩擦力作用，压力梯度周期性不断减小，假定压力梯度 $\dfrac{\mathrm{d}p}{\mathrm{d}x}=c<0$，为常数。

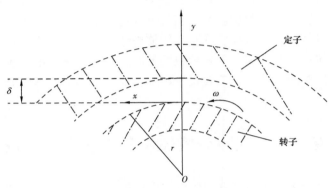

图 3-2　流体在定转子之间流动形态

流体在定转子之间的运动方程用 Couette（库埃特）流动矢量微分方程表示为：

连续性方程：

$$\nabla \boldsymbol{v}=0 \tag{3-1}$$

式中　$\nabla \boldsymbol{v}$——流动速度梯度。

动量方程（N-S 方程）：

$$\rho\left(\frac{\partial \boldsymbol{v}}{\partial t}+\boldsymbol{v}\cdot\nabla\boldsymbol{v}\right)=-\nabla p+\mu\cdot\nabla^2\boldsymbol{v} \tag{3-2}$$

式中　ρ——流体密度；

　　　t——剪切时间；

　　　$\boldsymbol{v}$——流动速度矢量；

　　　∇p——压力梯度；

　　　μ——流体动力黏度；

　　　$\nabla^2\boldsymbol{v}$——流动速度拉普拉斯算子。

边界条件：

$$y=\delta \text{ 时，} v=0 ; \tag{3-3}$$

$$y=0 \text{ 时，} v=r\omega ; \tag{3-4}$$

式中　δ——定子、转子间的间隙间距；

　　　r——转子半径；

　　　ω——转子转动角速度。

将 $\dfrac{\mathrm{d}p}{\mathrm{d}x}=c$ 及式（3-1）带入式（3-2）整理得：

$$\mu\frac{\mathrm{d}^2v}{\mathrm{d}y^2}-\frac{\mathrm{d}p}{\mathrm{d}x}=0 \tag{3-5}$$

式中　$\dfrac{\mathrm{d}^2v}{\mathrm{d}y^2}$——流动速度对 y 方向的二阶导数；

　　　$\dfrac{\mathrm{d}p}{\mathrm{d}x}$——$x$ 方向压力梯度。

则式（3-5）为求解速度的二阶常微分方程，由于 $\dfrac{\mathrm{d}p}{\mathrm{d}x}=c$ 为常数与 y 无关，可化简为：

$$v(y)=\frac{1}{2\mu}\frac{\mathrm{d}p}{\mathrm{d}x}y^2+C_1y+C_2 \tag{3-6}$$

式中　C_1——积分常数；
　　　C_2——积分常数。

将边界条件带入式（3-6）整理得：

$$v(y)=\frac{1}{2\mu}\frac{\mathrm{d}p}{\mathrm{d}x}y(y-\delta)+r\omega\left(1-\frac{y}{\delta}\right) \tag{3-7}$$

从式（3-7）可知，$v(y)$ 是稳定层流和线性流的叠加，可以用式（3-8）表示为：

$$v=(y)=v_1(y)+v_2(y) \tag{3-8}$$

$$v_1(y)=\frac{1}{2\mu}\frac{\mathrm{d}p}{\mathrm{d}x}y(y-\delta) \tag{3-9}$$

$$v_2(y)=r\omega\left(1-\frac{y}{\delta}\right) \tag{3-10}$$

稳定层流 $v_1(y)=\dfrac{1}{2\mu}\dfrac{\mathrm{d}p}{\mathrm{d}x}y(y-\delta)$ 如图 3-3 所示，表示为：

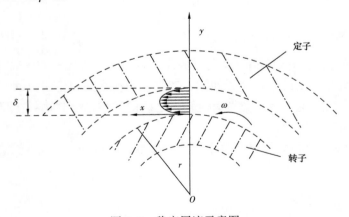

图 3-3　稳定层流示意图

线性流 $v_2(y) = r\omega\left(1 - \dfrac{y}{\delta}\right)$ 可用图 3-4 表示为：

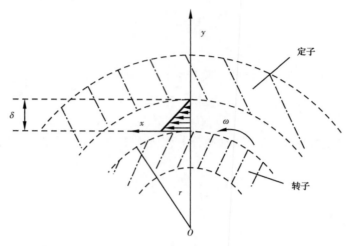

图 3-4　线性流示意图

根据牛顿内摩擦定律，剪切应力与应变力之间的关系见式（3-11）：

$$\tau_{xy} = \tau_{yx} = \propto\left(\frac{\partial v_x}{\partial_y} + \frac{\partial v_y}{\partial_x}\right) \tag{3-11}$$

式中　τ_{xy}——y 方向剪切应力；

τ_{yx}——x 方向剪切应力；

$\dfrac{\partial v_x}{\partial_y}$——$x$ 方向流动速度在 y 方向分量；

$\dfrac{\partial v_y}{\partial_x}$——$y$ 方向流动速度在 x 方向分量。

将式（3-8）至式（3-10）带入式（3-11）整理得：

$$\tau_{xy} = y\frac{\mathrm{d}p}{\mathrm{d}x} - \frac{\delta}{2}\frac{\mathrm{d}p}{\mathrm{d}x} - \frac{\mu r\omega}{\delta} \tag{3-12}$$

从式（3-12）看出，由于 $\dfrac{\mathrm{d}p}{\mathrm{d}x} = c < 0$，则当 $y=\delta$ 时，$|\tau_{xy}| = |\dfrac{\delta}{2}\dfrac{\mathrm{d}p}{\mathrm{d}x} - \dfrac{\mu r\omega}{\delta}|$ 达到最大，即流体在定子壁面处受到的剪切应力最大。从式（3-12）中可知，对于特定的胶体磨来说，转子半径和角速度是一定的，定转子间隙 δ 越小，物料受到的剪切力越大，剪切后形成的颗粒越小。因此，可以通过定位盘调整定转子之间的间隙，控制物料在间隙中受到的摩擦力，从而控制制备颗粒的粒径。

根据 Poiseuille 方程可以导出间隙中流体的流量，通过 dy 的体积流量为：

$$\mathrm{d}q = v\mathrm{d}A = 2\pi v\,(r+y)\,\mathrm{d}y \tag{3-13}$$

式中　v——流体流动速度；

dA——流体流入间隙所经过的单位横截面。

则通过定转子间隙中的总流量：

$$Q = \int_0^q \mathrm{d}q = \int_0^\delta 2\pi v(r+y)\mathrm{d}y = \int_0^\delta 2\pi(r+y)\left[\frac{1}{2\mu}\frac{\mathrm{d}p}{\mathrm{d}x}y(y-\delta)+r\omega\left(1-\frac{y}{\delta}\right)\right]\mathrm{d}y \qquad （3-14）$$

整理得：

$$Q = \pi\left(-\frac{1}{12\mu}\frac{\mathrm{d}p}{\mathrm{d}x}\delta^4 - \frac{1}{6\mu}\frac{\mathrm{d}p}{\mathrm{d}x}\delta^3 + \frac{1}{3}\delta^2 r\omega + \delta r\omega\right) \qquad （3-15）$$

式中 $\frac{\mathrm{d}p}{\mathrm{d}x}<0$，从式（3-15）中看出，定转子之间的间距越大，流量越大，因此可以通过调整定转子的间距实现控制本体冻胶的流量，从而实现多尺度冻胶分散体的生产控制。

结合式（3-12）和式（3-15）可知，冻胶分散体的粒径和产量主要取决于定转子之间的剪切间距，剪切间距越小，施加的剪切作用力越大，剪切后的粒径越小，产量越小。因此，可以根据实际情况选择合理的定转子间距生产多尺度冻胶分散体。

从推导数学公式可知，胶体磨制备多尺度冻胶分散体是可行的。通过调整定转子间隙和剪切时间可制备不同粒径的冻胶分散体。多尺度冻胶分散体粒径主要取决于剪切时间、剪切力，因此，可以建立冻胶分散体粒径和剪切时间，剪切力之间的函数关系式，见式（3-16）。

$$f(D) = f(t, \tau_{xy}) = f(t, \delta_y, \mu) \qquad （3-16）$$

式中 D——冻胶分散体粒径；

δ_y——定子、转子间隙的 y 向间距。

结合式（3-16）与室内实验的结果，可以建立相关的数学模型，为胶体磨制备多尺度冻胶分散体奠定理论基础。

第二节 冻胶分散体制备工艺参数优化

多尺度冻胶分散体工业化生产具有简单、高效特点，本节以树脂本体冻胶为例，优化了多尺度冻胶分散体的制备工艺，明确了本体冻胶强度、机械剪切参数（剪切速率、剪切时间）、制备方式对多尺度冻胶分散体产品性能的影响。

一、冻胶分散体的制备效率

（一）冻胶分散体的制备步骤

采用改进型工业级胶体磨作为制备多尺度冻胶分散体的剪切设备。该设备具有冷凝循环系统，可以长时间循环工作，剪切速率在 0～70Hz 之间可调，本研究中以频率（Hz）

代表剪切速率。多尺度冻胶分散体的具体制备工艺步骤为：

（1）室温下配制树脂本体冻胶成胶液，搅拌均匀，静置于95℃恒温箱中待其成冻；

（2）将本体冻胶与清水按照一定质量比加入胶体磨中，启动胶体磨，调整剪切速率，循环剪切不同时间，直至形成均一分散体系，该分散溶液即为多尺度冻胶分散体产品；

（3）将制得的多尺度冻胶分散体产品按照要求包装，室温下保存待用。

（二）冻胶分散体的制备效率测试方法

制备的多尺度冻胶分散体均匀分散在水溶液中，仅从外观难以推定其反应程度。由于聚合物与交联剂形成本体冻胶过程中，本体冻胶仍含有一定的酰胺基，可以利用淀粉—三碘化物的形式进行有效测定。本实验采用淀粉—碘化镉法测定多尺度冻胶分散体的制备效率。

1. 实验原理

淀粉—碘化镉比色法利用霍夫曼重排的第一步反应，本体冻胶或未参与反应聚合物中的酰胺基团与溴水作用生成N—溴代酰胺，该反应中过量的溴水用还原剂甲酸钠除去，生成的N—溴代酰胺进一步水解产生次溴酸，次溴酸能定量地将碘离子氧化成蓝色三碘—淀粉络合物，通过测定其吸光度，确定反应程度。该反应在酰胺基浓度含量比较低时仍能够进行，能够快速地测定制备效率，其原测定原理如图3-5所示。

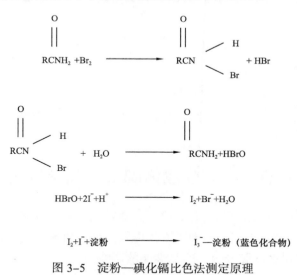

图 3-5　淀粉—碘化镉比色法测定原理

2. 试剂配制实验方法

缓冲溶液的配制方法：准确称取 12.50g 三水合醋酸钠（$CH_3COONa \cdot 3H_2O$）溶解在 400mL 去离子水中，加入水合硫酸铝［$Al_2(SO_4)_3 \cdot 18H_2O$］0.25g，用醋酸调节 pH 值至 4.0，最后稀释至 500mL 备用。

淀粉—碘化镉试剂的配制方法：准确称取 1.25g 淀粉加入 200mL 去离子水中，加热煮沸 10min，冷却后稀释至约 400mL，然后加入 5.50g 碘化镉，溶解后过滤，最终稀释至500mL 备用。

3. 测定步骤

（1）在 50mL 的容量瓶中加入缓冲溶液 5mL，聚合物含量在 15～300μg 范围内，试液量不超过 30mL，再用去离子水稀释至 35mL；

（2）混匀后加入 1mL 饱和溴水，摇匀后反应 10min 后再加入 3mL 质量分数为 1% 的甲酸钠溶液；

（3）反应 5min 后，立即加入 5mL 淀粉—碘化镉试剂，用去离子水稀释至刻度，摇匀，稳定 10min，用 722 型分光光度计测定其吸光度，其中波长为 590nm。

室内实验采用淀粉—碘化镉法测定了 II 型功能聚合物的标准吸光度曲线，实验结果如图 3-6 所示。

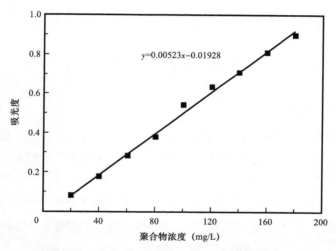

图 3-6　不同浓度聚合物的吸光度标准曲线

4. 冻胶分散体的制备效率

将本体冻胶（0.12% 功能聚合物 +1.2% 交联剂 +0.1% 促凝剂）在 20Hz、40Hz 条件下分别剪切 3～15min，取 15mL 溶液，在高速离心机中以 5000r/min 离心 15min，取上清液测定冻胶分散体的制备效率，实验结果如图 3-7 所示。可知，机械剪切法制备效率较高，均在 90% 以上，剪切时间和剪切速率对冻胶分散体的反应程度影响较小。由于机械剪切法在制备多尺度冻胶分散体过程中没有涉及本体冻胶的化学反应，仅是通过机械剪切作用力将本体冻胶破碎磨圆而形成的，不涉及原材料的降解损耗。因此，机械剪切法制备多尺度冻胶分散体具备操作简单、制备效率高的特点。

二、制备参数对冻胶分散体微观形貌影响

采用扫描电镜（SEM）观察多尺度冻胶分散体样品的微观形貌。具体操作方法为：将

新制备的冻胶分散体样品稀释至 300mg/L，移取少量样品置于铜网上，将含有该样品的铜网在真空干燥箱中干燥，备用。

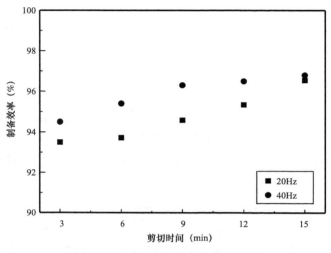

图 3-7　多尺度冻胶分散体制备效率

（一）本体冻胶强度影响

实验中选取两种不同成冻时间的本体冻胶：0.25% Ⅱ 型功能聚合物 +1.2% 交联剂 +0.1% 促凝剂，成冻时间 14h，成冻强度 0.043MPa；0.4% Ⅱ 型功能聚合物 +1.2% 交联剂 +0.1% 促凝剂，成冻时间 8h，成冻强度 0.052MPa，将本体冻胶与清水按照 3∶2 混合置于改进型胶体磨中，分别在 40Hz 条件下剪切 6min，实验结果如图 3-8 所示。

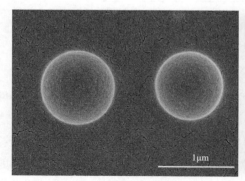 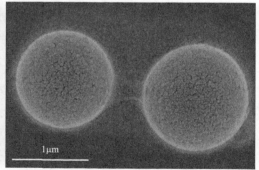

(a) 成冻强度，0.046MPa　　　　　　　　(b) 成冻强度，0.054MPa

图 3-8　本体冻胶强度对冻胶分散体微观形貌的影响

由图 3-8 可知，制备的冻胶分散体为形状规则的球体，弱本体冻胶形成的冻胶分散体平均粒径在 740nm；对于强度较高的本体冻胶，平均粒径为 1600nm，明显高于弱冻胶形成的冻胶分散体系。这是由胶体磨机械剪切设备的定转子特殊结构决定的，当本体冻胶进入胶体磨中，本体冻胶在孔隙间隙中主要沿着转子运动的方向运动，所受剪切力与冻胶分散体运动的方向垂直；当本体冻胶进入胶体磨粗磨碎区时，受高速机械剪切力的影响，本体冻胶凸起球状结构断裂，形成粒径较大而不均匀的颗粒；该阶段形成的颗粒随即进入细磨碎区，受该区域剪切作用力的影响，形成的冻胶分散体颗粒进一步减小，同时颗粒受离心力的影响，定子内壁会对冻胶分散体有进一步磨圆作用，使之形成的颗粒形状较为规则，该阶段形成的冻胶分散体颗粒进入超细磨碎区，由于冻胶分分散体在横向和纵向上的受力较为均衡，使得冻胶分散体粒径进一步减小，黏度进一步降低；当循环系统开启、剪切时间增加时，冻胶分散体会再次进入定转子间隙和定子斜槽使得冻胶分散体粒径进一步减小，形成粒径分布均匀的冻胶分散体颗粒。对于强度不同的本体冻胶体系，强度越高，本体冻胶的交联越致密，结构越不易破碎，因此，相同剪切条件下形成冻胶分散体的粒径越大。

（二）剪切速率影响

将本体冻胶（配方：0.4% Ⅱ型功能聚合物 +1.2% 交联剂 +0.1% 促凝剂）与清水按照 3∶2 混合，分别在 20Hz、40Hz、60Hz 条件下剪切 4min，取样观察形成冻胶分散体的微观形貌，结果如图 3-9 所示。可知，三种不同剪切速率条件下均能够形成形状规则的冻胶分散体颗粒，平均粒径依次为 2900nm，1580nm，940nm。从公式（3-12）可知，剪切速率越大，胶体磨对本体冻胶施加的剪切作用力就越大（$\tau_{60}>\tau_{40}>\tau_{10}$），本体冻胶就越易破碎形成颗粒。低剪切速率条件下，剪切作用力仅对本体冻胶起破碎作用，由于破碎的本体冻胶为柔性颗粒，能够变形通过定转子超细研磨间隙。但剪切力过小，这些较大的颗粒无法通过定子斜槽，进而无法磨圆，使得低剪切速率条件下形成的冻胶分散体颗粒粒径较大。

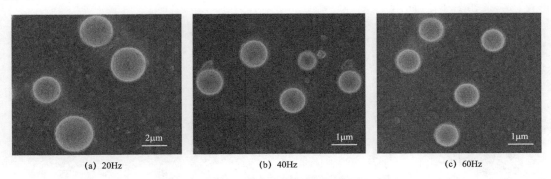

(a) 20Hz　　　　　　　　(b) 40Hz　　　　　　　　(c) 60Hz

图 3-9　剪切速率对冻胶分散体微观形貌的影响

（三）剪切时间影响

将本体冻胶（配方：0.4% Ⅱ型功能聚合物 +1.2% 交联剂 +0.1% 促凝剂）与清水按照 3∶2 混合，在 40Hz 条件下分别剪切 2min、6min、10min，取样观察形成冻胶分散体的微观形貌，结果如图 3-10 所示。可知，不同剪切时间条件下形成的冻胶分散体均为形状规则球体，本体冻胶剪切 2min 后形成冻胶分散体的平均粒径为 2200nm，剪切 10min 后形成冻胶分散体的平均粒径 1200nm。由于在高剪切力作用下，本体冻胶首先在球与球连接处断裂，形成粒径较大且形状不规则的冻胶分散体颗粒。当剪切时间增加时，粒径较大的颗粒经过三级循环剪切作用，粒径减小，形状规则。颗粒较小的冻胶分散体在离心力作用下与定子壁面产生摩擦作用，颗粒进一步磨圆，直至能够顺利通过定子壁面的斜槽。此时，颗粒的形状和粒径不再随剪切时间增加而增加。

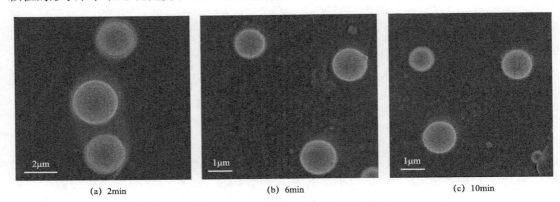

(a) 2min　　　　　　　　(b) 6min　　　　　　　　(c) 10min

图 3-10　剪切时间对冻胶分散体微观形貌的影响

（四）制备方式影响

水既是溶剂，同时在剪切研磨过程中起到润滑作用，降低高黏流体对设备的伤害。实验中分别将本体冻胶（配方：0.4% Ⅱ型功能聚合物 +1.2% 交联剂 +0.1% 促凝剂）与清水按照 1：0、3：2、1：4 混合，40Hz 条件下剪切 8min，取样观察制备冻胶分散体的微观形貌，结果如图 3-11 所示。

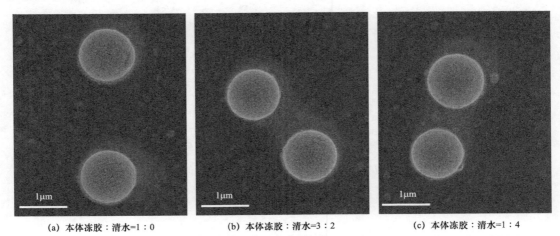

(a) 本体冻胶：清水=1：0　　　(b) 本体冻胶：清水=3：2　　　(c) 本体冻胶：清水=1：4

图 3-11　制备方式对冻胶分散体微观形貌的影响

由图 3-11 可知，本体冻胶与水不同混合比条件下制备的冻胶分散体均为形状规则的球状颗粒，平均粒径分布在 1100～1400nm 之间。在本体冻胶与水混合剪切过程中，混合比越小，冻胶分散体越易分散在水中，形成的溶液流动时层与层之间产生的摩擦力越小，水易携带冻胶分散体颗粒通过定子斜槽，进而颗粒易于磨圆。但在高剪切作用力下，该因素对冻胶分散体的微观形貌影响较小。

三、制备参数对冻胶分散体粒径的影响

粒径是评价多尺度冻胶分散体性能的重要指标。本研究以粒径为评价指标，考察了本体冻胶强度、剪切速率、剪切时间及制备方式对多尺度冻胶分散体的影响，实验测试设备为 Bettersize2000E 激光粒度分析仪。

（一）本体冻胶强度影响

实验选取两种不同成冻时间的本体冻胶：0.25% Ⅱ 型功能聚合物 +1.2% 交联剂 +0.1% 促凝剂，成冻时间 14h，成冻强度 0.043MPa；0.4% Ⅱ 型功能聚合物 +1.2% 交联剂 +0.1% 促凝剂，成冻时间 8h，成冻强度 0.052MPa。将本体冻胶与清水按照 3：2 混合置于改进型胶体磨中，分别在 40Hz 条件下剪切 6min，实验结果如图 3-12 所示。

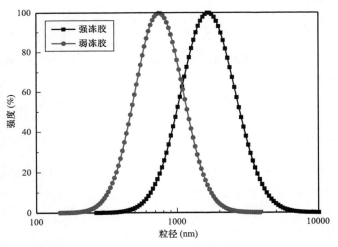

图 3-12　本体冻胶强度对冻胶分散体粒径的影响

从图 3-12 可知，经过剪切作用后，两种本体冻胶体系粒径分布曲线峰值较窄，说明机械制备法形成的冻胶分散体较为均匀。剪切 6min 后，强度较高本体冻胶形成的冻胶分散体粒径为 750nm；强度较低本体冻胶形成的冻胶分散体粒径为 1600nm。由于聚合物浓度越高，聚合物链上的酰胺基与交联剂的羟基交联密度越大，成冻后本体冻胶强度越高，形成的冻胶结构越致密。相同剪切条件下，强度高的本体冻胶不易破碎，因此，形成的冻胶分散体颗粒越大。

（二）剪切速率影响

将本体冻胶（配方：0.4% Ⅱ 型功能聚合物 +1.2% 交联剂 +0.1% 促凝剂）与清水按照

3∶2混合，分别在20～60Hz剪切速率条件下剪切6min，取样测定形成多尺度冻胶分散体的粒径，结果如图3-13所示。由图可知，不同剪切速率条件下制备冻胶分散体的粒径不同。20Hz剪切速率条件下，冻胶分散体的粒径为2800nm，当剪切速率达到60Hz时，冻胶分散体的粒径仅为950nm。由公式（3-12）可知，剪切速率越大，胶体磨对本体冻胶施加的剪切作用力越强，本体冻胶越易破碎形成粒径较小的冻胶分散体颗粒。图3-13进一步表明，不同剪切条件下均能够形成均匀分散的冻胶分散体颗粒。

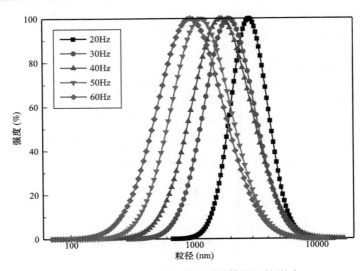

图3-13　剪切速率对冻胶分散体粒径的影响

（三）剪切时间影响

将本体冻胶（配方：0.4% Ⅱ型功能聚合物+1.2%交联剂+0.1%促凝剂）与清水按照3∶2混合，40Hz条件下分别剪切2～10min，取样测定冻胶分散体粒径，结果如图3-14所示。

由图3-14可知，随着剪切时间增加，冻胶分散体粒径越小，粒径分布越均匀。当本体冻胶剪切2min时，粒径分布趋于均匀，说明机械剪切法能够高效制备多尺度冻胶分散体。当持续剪切本体冻胶8min后，粒径基本不再发生变化，最终平均粒径为1300nm。由于本体冻胶为连续的黏弹体，经过粗剪切区域（第一级剪切区域），在高剪切力的作用下，本体冻胶破碎形成粗分散体体系，该粗分散体系随之进入细磨碎区，颗粒粒径进一步减小（第二级剪切区域）。当颗粒进入超细磨碎区（第三级剪切区域）时，在剪切力、离心力、摩擦力三种作用力共同作用下，颗粒粒径进一步减小和磨圆。本体冻胶完成三级剪切循环过程仅需30s，可知机械剪切法制备冻胶是一种高效制备方法。当剪切循环时间增加时，颗粒受剪切力、离心力、摩擦力三种作用力的影响，粒径分布和形状分布更为均匀。

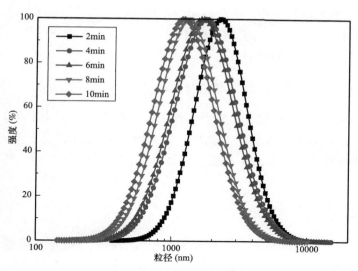

图 3-14　剪切时间对冻胶分散体粒径的影响

（四）制备方式影响

实验中分别将本体冻胶（配方：0.4% Ⅱ型功能聚合物 +1.2% 交联剂 +0.1% 促凝剂）与清水按照 1:0、4:1、3:2、2:3、1:4 混合，40Hz 条件下剪切 8min，取样测定冻胶分散体颗粒的粒径，结果如图 3-15 所示。

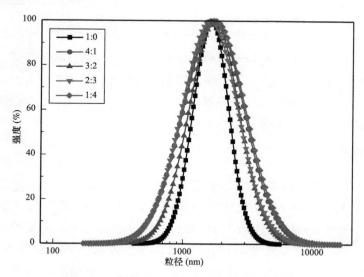

图 3-15　制备方式对冻胶分散体粒径的影响

由图 3-15 可知，混合比越小，粒径越大。由于混合比越小，形成冻胶分散体溶液的黏度就越低，冻胶分散体颗粒易被水携带至定子斜槽。在离心力和摩擦力的共同作用下，冻胶分散体会沿着第一级定子的斜槽向上运动，由于冻胶分散体在横向和纵向上的受力较为均衡，形成较为分散的均匀相，此分散相再次进入第二、三级定子斜槽，使得冻胶分散体体粒径进一步减小。但由于机械剪切作用力较高，同时冻胶分散体在胶体磨中循环剪切，使得制备方式对粒径影响较小。

四、制备参数对冻胶分散体黏度影响

本体冻胶是高黏弹性的流体，机械剪切作用后，本体冻胶的网络结构破碎形成了具有一定黏度的冻胶分散体颗粒体系。实验采用 Brookfield 黏度计测定了不同本体冻胶强度、剪切速率、剪切时间和制备方式下冻胶分散体的黏度，其中转子 0#，转速 6r/min，测定温度 30℃。

（一）本体冻胶强度的影响

考察不同本体冻胶强度对制备冻胶分散体黏度的影响。将本体冻胶（配方：0.4% Ⅱ型功能聚合物 +1.2% 交联剂 +0.1% 促凝剂）与清水按照 3∶2 混合加入胶体磨，剪切 6min 得冻胶分散体，测定结果见表 3-1。

表 3-1　本体冻胶强度对冻胶分散体黏度的影响

本体冻胶配方	成冻时间（h）	成冻强度（MPa）	黏度（mPa·s）	
			500mg/L	1000mg/L
0.25% Ⅱ型功能聚合物 +1.2% 交联剂 +0.1% 促凝剂	14	0.043	5.8	7.1
0.4% Ⅱ型功能聚合物 +1.2% 交联剂 +0.1% 促凝剂	8	0.052	7.6	9.7

由表 3-1 可知，多尺度冻胶分散体的黏度随本体冻胶强度的增加而增加。由于 Ⅱ 型功能聚合物浓度越大，聚合物酰胺基与交联剂羟基形成的本体冻胶网络结构越强，相同剪切条件下对冻胶的剪切能力就弱，强度高的本体冻胶不易破碎，颗粒之间相互黏附。因此，剪切后形成的冻胶分散体黏度越大。

（二）剪切速率的影响

将本体冻胶（配方：0.4% Ⅱ型功能聚合物 +1.2% 交联剂 +0.1% 促凝剂）与清水按照 3∶2 混合，分别在 20~60Hz 剪切速率条件下剪切 6min，将制备的冻胶分散体稀释至 500mg/L，取样测定，结果如图 3-16 所示。可知，随着剪切速率的增加，冻胶分散体的黏度急剧下降，当剪切速率超过 50Hz 时，冻胶分散体的黏度基本不再发生变化，最终冻胶分散体的黏度下降为 6.1mPa·s。由于制备冻胶分散体的本体冻胶是高强度冻胶体系，低剪切速率将本体冻胶剪断形成较大颗粒，造成黏度下降，但低剪切速率必然形成低剪切作用力，使得颗粒间相互黏附，造成低剪切速率下形成冻胶分散体的黏度较高。

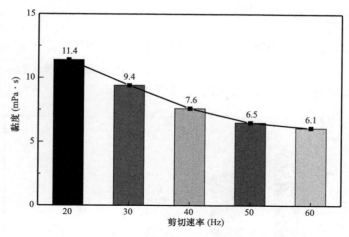

图 3-16　剪切速率对冻胶分散体黏度的影响

（三）剪切时间影响

将本体冻胶（配方：0.4% Ⅱ型功能聚合物 +1.2% 交联剂 +0.1% 促凝剂）与清水按照 3 : 2 混合，40Hz 剪切速率条件下分别剪切 2~10min，将制备的冻胶分散体稀释至 500mg/L，取样测定，结果如图 3-17 所示。可知，随着剪切时间的增加，制备冻胶分散体的黏度降低，当剪切时间大于 6min 时，冻胶分散体的黏度基本不再发生改变。由于剪切前本体冻胶强度较大，网络结构较为致密，经过机械剪切后本体冻胶的网络结构被剪断，形成较小的冻胶分散体颗粒，造成黏度降低；剪切时间越长，对本体冻胶的剪切作用越大，形成的冻胶分散体颗粒越小，颗粒间难以相互黏附，使得黏度越低；机械剪切后形成的冻胶分散体颗粒由于粒径较小，能够通过定转子之间的间隙，定转子相互运动产生的摩擦力基本不再对形成的微小颗粒产生剪切作用，导致黏度不再降低。

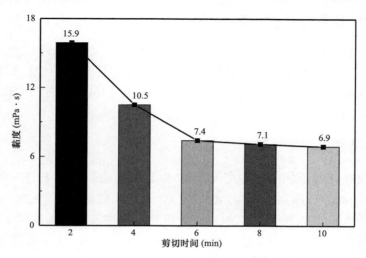

图 3-17　剪切时间对冻胶分散体黏度的影响

（四）制备方式影响

实验中分别将本体冻胶（配方：0.4% Ⅱ型功能聚合物 +1.2% 交联剂 +0.1% 促凝剂）与清水按照 1∶0、4∶1、3∶2、2∶3、1∶4 混合，40Hz 条件下剪切 6min，将制备的冻胶分散体稀释至 500mg/L 取样测定，结果如图 3-18 所示。

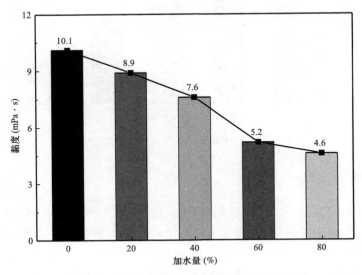

图 3-18　制备方式对冻胶分散体黏度的影响

由图 3-18 可知，随加水量的增加，冻胶分散体的黏度迅速下降。当本体冻胶与清水混合比大于 2∶3 时，冻胶分散体的黏度趋于平稳。由于低加水量剪切条件下，形成的多尺度冻胶分散体颗粒相互黏结，导致结构黏度增加。但剪切停止后，加水稀释难以将黏附的颗粒分开。因此，低加水量剪切条件下形成冻胶分散体的黏度较高。

五、制备参数对冻胶分散体电位的影响

Zeta 电位是表征冻胶分散体颗粒稳定性的重要参数。当 Zeta 电位绝对值高于 30mV 时，颗粒相对稳定；当 Zeta 电位绝对值低于 30mV 时，颗粒容易发生聚沉现象。采用德国布鲁克 NanoBrook Omni 高灵敏度 Zeta 电位仪测定了本体冻胶强度、剪切速率、剪切时间及制备方式对多尺度冻胶分散体颗粒 Zeta 电位的影响。

（一）本体冻胶强度的影响

选取两种成冻时间不同的本体冻胶：0.25% Ⅱ型功能聚合物 +1.2% 交联剂 +0.1% 促凝剂，成冻时间 14h，成冻强度 0.043MPa；0.4% Ⅱ型功能聚合物 +1.2% 交联剂 +0.1% 促凝剂，成冻时间 8h，成冻强度 0.052MPa。将两种本体冻胶与清水按照 3∶2 混合，40Hz 剪切速率下剪切 6min，将制得冻胶分散体的浓度稀释至 500mg/L，考察本体冻胶强度对 Zeta 电位的影响，测定结果见表 3-2。

表 3-2　本体冻胶强度对冻胶分散体 Zeta 电位的影响

本体冻胶配方	成冻时间（h）	成冻强度（MPa）	Zeta 电位（mV）
0.25% Ⅱ型功能聚合物 +1.2% 交联剂 +0.1% 促凝剂	14	0.043	−41.82
0.4% Ⅱ型功能聚合物 +1.2% 交联剂 +0.1% 促凝剂	8	0.052	−31.22

由表 3-2 可知，两种不同强度本体冻胶制备的冻胶分散体颗粒表面均带负电，且 Zeta 电位绝对值均大于 30mV，说明制备的冻胶分散体是相对稳定的。但高强度本体冻胶形成的冻胶分散体 Zeta 电位绝对值低于低强度本体冻胶形成的冻胶分散体。由于强度越低，形成的冻胶分散体颗粒粒径越小，比表面积越大，颗粒之间的静电斥力作用越强，颗粒越稳定。冻胶分散体颗粒表面带负电对其在地层中深部运移是有利的。由于地层岩石表面大多带负电，同种电荷相互排斥，能够避免冻胶分散体在近井地带吸附，进而使冻胶分散体颗粒能够运移到地层深部，达到储层深部微观调控的效果。

（二）剪切速率影响

将本体冻胶（配方：0.4% Ⅱ型功能聚合物 +1.2% 交联剂 +0.1% 促凝剂）与清水按照 3∶2 混合，分别在 20～60Hz 剪切速率条件下剪切 6min，将制备的冻胶分散体稀释至 500mg/L，取样测定，结果如图 3-19 所示。结果表明：冻胶分散体颗粒 Zeta 电位绝对值随剪切速率的增加而增加，但冻胶分散体的 Zeta 电位均在较小区间范围变化。当剪切速率高于 50Hz 时，冻胶分散体的 Zeta 电位趋于平稳。由于剪切速率越高，制备的冻胶分散体颗粒粒径越小，能够均匀分散在水溶液中，形成稳定的胶体体系。

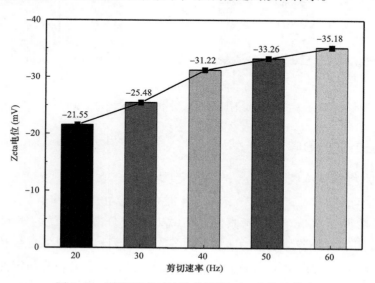

图 3-19　剪切速率对冻胶分散体 Zeta 电位的影响

（三）剪切时间影响

将本体冻胶（配方：0.4% Ⅱ型功能聚合物 +1.2% 交联剂 +0.1% 促凝剂）与清水按照 3∶2 混合，40Hz 剪切速率条件下分别剪切 2～10min，将制备的冻胶分散体稀释至500mg/L，取样测定，结果如图 3-20 所示。由图可知，剪切 6min 后，冻胶分散体颗粒的平均 Zeta 电位绝对值大于 30mV。剪切时间越长，冻胶分散体颗粒的平均 Zeta 电位绝对值越高，颗粒之间的静电斥力占优势，不易聚并，说明冻胶分散体颗粒体系越稳定。剪切时间越长，颗粒粒径越小，比表面积越大，颗粒之间的静电斥力作用越强，颗粒越稳定。但从冻胶分散体颗粒的平均 Zeta 电位分布可知，冻胶分散体颗粒的稳定性是相对较弱的，而这种弱稳定性对冻胶分散体颗粒调整渗流剖面是有利的。当冻胶分散体颗粒在多孔介质中运移时，弱稳定性引发颗粒聚并，这种自发聚集的性质有利于颗粒之间聚集形成对地层高渗透区域的微观调控作用，达到渗流剖面调整目的。

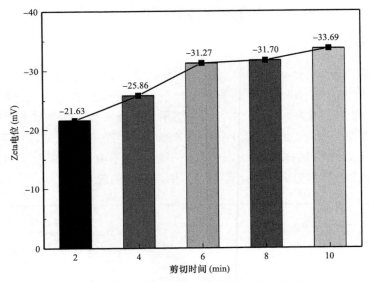

图 3-20　剪切时间对冻胶分散体 Zeta 电位的影响

（四）制备方式的影响

实验中分别将本体冻胶（配方：0.4% Ⅱ型功能聚合物 +1.2% 交联剂 +0.1% 促凝剂）与清水按照 1∶0、4∶1、3∶2、2∶3、1∶4 混合，在 40Hz 条件下剪切 6min，将制备的冻胶分散体稀释至 500mg/L，考察制备方式对冻胶分散体电位的影响。实验结果如图 3-21 所示。可知，随着加水量的增加，制备冻胶分散体颗粒的 Zeta 电位绝对值略微升高，但降低幅度不大，表明不同加水量制备的冻胶分散体均具有较高稳定性。

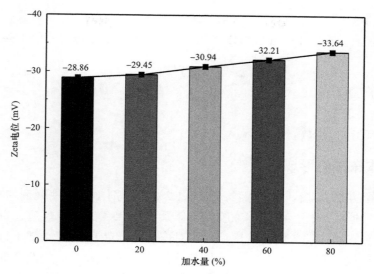

图 3-21　制备方式对冻胶分散体 Zeta 电位的影响

第三节　多尺度冻胶分散体制备机理

多尺度冻胶分散体制备工艺方法具有高效、便于操作的特点，可以通过控制机械剪切参数及本体冻胶强度调控冻胶分散体的粒径，实现多尺度冻胶分散体的制备。多尺度冻胶分散体的制备过程包括两个阶段：本体冻胶形成和冻胶分散体的剪切成形。本节以黏度变化特征，阐述了多尺度冻胶分散体的制备机理。

一、实验原理

本研究通过 HAAKE MARS 60 流变仪测定本体冻胶形成和冻胶分散体剪切形成过程中的流变行为，揭示冻胶分散体的制备机理。实验中流变仪使用转子型号 CC41/Ti（长55.03mm，直径 41.42mm），所有测试均在 30℃进行。

一般来说，溶液的流动曲线包括两个极限黏度区域，分别对应零剪切黏度和极限剪切黏度，即 η_0 和 η_∞。在零剪切黏度区域，聚合物分子或本体冻胶的分子结构或构象基本不受剪切力的影响，该区域测定的黏度为零剪切黏度；当剪切速率非常高时，溶液中的聚合物或本体冻胶分子伸展到最大，此时的黏度即为极限剪切黏度 η_∞。但对于大部分聚合物或者本体冻胶来说，极限剪切黏度很难检测到。因此，本研究采用零剪切黏度 η_0 和流动行为指数表征本体冻胶和冻胶分散体形成过程中的流变行为。

在非牛顿流动黏度区域，本体冻胶的流变行为可以采用稳态黏度表征。基于剪切应力作用下应力与应变的流动曲线关系为：

$$\tau = f(\gamma) \tag{3-17}$$

式中　τ——应力；

γ——应变。

则稳态剪切流动模式下的曲线可以采用 Ostwald de Waele 幂律方程（3-18）拟合：

$$\eta = k\gamma^{n-1} \tag{3-18}$$

式中　η——剪切黏度；

　　　k——稠度系数；

　　　n——流动行为指数。

二、本体冻胶的形成过程

本研究以配方为 0.4% Ⅱ型功能聚合物 +1.2% 交联剂 +0.1% 促凝剂的本体冻胶为例，阐明本体冻胶的形成过程。将本体冻胶成冻体系置于 95℃条件下反应，每隔一段时间取出一个样品移至室温冷却，然后采用流变仪对取出的样品在 30℃条件下进行分析，研究本体冻胶成冻过程中黏度变化行为。不同成冻时间本体冻胶的流变曲线如图 3-22 所示，成冻过程中的零剪切黏度随时间变化关系如图 3-23 所示。

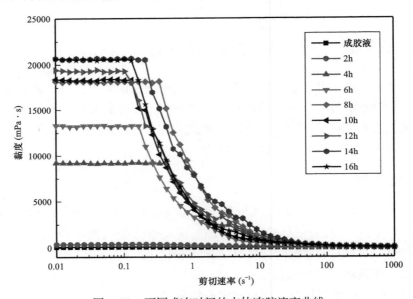

图 3-22　不同成冻时间的本体冻胶流变曲线

由图 3-22 和图 3-23 可知，初始阶段，本体冻胶体系的黏度随时间增加而缓慢增加，交联反应持续 2h 后，体系黏度迅速增加，当交联反应增加至 8h 后，体系黏度基本不再发生变化，趋于平稳，表明本体冻胶的形成。以黏度变化作为本体冻胶形成的标志，本体冻胶形成的过程主要经历了四个阶段：第一阶段为反应初始持续 2h 的诱导期；第二阶段为 2~4h 的快速交联期；第三阶段为 4~8h 的慢速增长期；第四阶段为 8h 后形成本体冻胶的黏度稳定期。

（1）第一阶段：慢速诱导期。

本体冻胶的流变曲线表明成胶液中的聚合物和交联剂开始发生了交联反应，分子构象

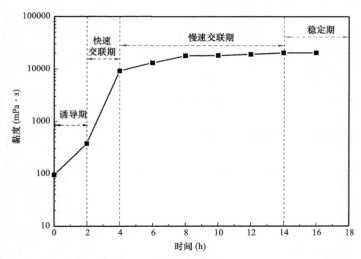

图 3-23　本体冻胶成冻过程中黏度随时间变化关系（剪切速率 $0.1s^{-1}$）

发生了变化（图 3-23）。初始反应阶段黏度的缓慢增加表明成冻体系还未形成空间网络结构，因此，黏度增加缓慢。由于成冻体系的交联反应首先发生在聚合物大分子链内部，即成冻体系先发生了分子内的交联反应，形成了分子内的化学交联键。聚合物分子内交联引起了分子链的收缩，引起了聚合物分子尺寸的减小，使得黏度增加。在此交联过程中，同时也伴随着聚合物和交联剂的脱水缩合反应，但分子间交联分子数目远小于发生分子内交联分子数目，使得初始阶段黏度增加缓慢。

（2）第二阶段：快速增长期。

黏度快速增加是该阶段最显著的特征，此时交联反应以较快的反应速率进行，分子间交联占据主导地位。由于在高温条件下，均匀分散在水溶液中的酚醛树脂小分子提供较多的羟甲基，羟甲基与聚合物的酰胺基发生脱水缩合反应形成致密的空间结构，引起成冻体系黏度急剧上升。

（3）第三阶段：慢速增长期。

随着反应时间的增加，溶液中大量的酰胺基与羟甲基发生反应，但此时，溶液中仍有少量的羟甲基与酰胺基参与反应，使得本体冻胶体系黏度缓慢增加。

（4）第四阶段：稳定期。

该阶段本体冻胶的黏度基本不再发生变化，表明交联反应已经完成，聚合物和交联剂已形成了稳定致密的空间结构。因此，本体冻胶的黏度随着时间增加基本不再变化。

综上所述，本体冻胶的形成是一个化学交联反应过程，聚合物和交联剂经过诱导期、快速增长期、慢速增长期和稳定期四个阶段的化学交联反应形成了致密空间结构。该结构保证本体冻胶具有一定强度和弹性，为机械剪切法制备多尺度冻胶分散体奠定基础。

三、多尺度冻胶分散体的剪切成形

将本体冻胶加入胶体磨中，受剪切作用力作用，本体冻胶破碎形成不同粒径颗粒，导致体系黏度降低。图 3-24 中反映了剪切过程中的本体冻胶黏度随时间变化，剪切过程中的冻胶分散体零剪切黏度随时间变化关系如图 3-25 所示。

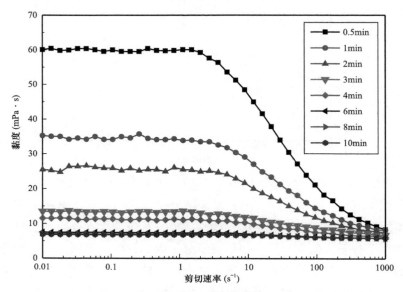

图 3-24　剪切过程中冻胶分散体的流变曲线

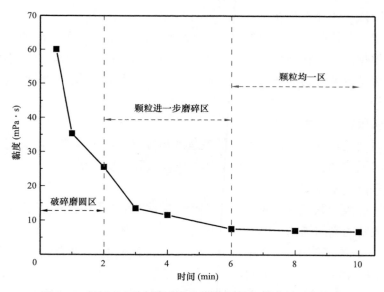

图 3-25　剪切过程中的冻胶分散体零剪切黏度随时间变化

由图 3-24 和图 3-25 可知，剪切初始阶段，本体冻胶黏度随时间增加而迅速降低，当持续剪切 6min 后，黏度基本不再发生变化，表明冻胶分散体已经形成。以黏度变化作为冻胶分散体形成的标志，整个剪切形成过程可以分为三个典型区域：剪切初始阶段持续0～2min 破碎磨圆区；2～6min 颗粒进一步磨碎区；6～10min 颗粒均一区。

（1）破碎磨圆区。

体系黏度急剧下降是破碎磨圆区的显著特点。在该阶段，本体冻胶黏度迅速下降，冻胶黏度从 18198.5mPa·s 降至 6.8mPa·s。由于剪切初始阶段，本体冻胶进入胶体磨中，受剪切作用力影响，本体冻胶的致密连续网络结构断裂，形成不连续的粒径较大粗分散颗粒体系，导致黏度急剧下降。

（2）颗粒进一步磨碎区。

随着剪切时间增加，冻胶分散体系的黏度下降趋势变缓但下降幅度不大。循环剪切模式下，粗分散冻胶分散体颗粒体系通过定转子间隙时受到进一步剪切作用，冻胶分散体在定子壁上受到垂直于离心力方向的摩擦力，使得颗粒粒径进一步减小。此外，由于定子壁面是由众多斜槽组成，在转子高速旋转下，冻胶分散体颗粒壁面与斜槽壁面产生摩擦作用，使其形状更趋于规则，颗粒之间相互黏附能力降低，形成均匀分散相。因此，该阶段冻胶分散体体系的黏度降低有限。

（3）颗粒均一区。

随着时间增加，颗粒均一区冻胶分散体系黏度基本不发生改变。经过长时间剪切作用及摩擦作用，冻胶分散体粒径较小且形状趋于规则，能够顺利通过定转子间隙及定子壁斜槽，形成了均匀分散相，因此黏度不再降低，维持一个平衡状态。

图 3-26 进一步展示了冻胶分散体在整个交联剪切过程中的黏度变化。剪切前，聚合物链上酰胺基与酚醛树脂交联剂羟基发生脱水缩合反应形成本体冻胶，由低黏度体系形成高黏度体系，此过程涉及不同分子间的化学反应，通过该反应形成了致密连续冻胶结构；当本体冻胶形成后，对本体冻胶施加一定的物理剪切作用力，本体冻胶破碎形成粒径不同颗粒，通过控制物理剪切力大小，可以获得不同尺度冻胶分散体，此阶段不涉及化学反应，仅涉及物理剪切作用，此过程体系黏度急剧下降。但经过高速剪切形成的冻胶分散体体系仍具有较高的黏度，表明冻胶分散体具有高抗剪切性能。因此，冻胶分散体在地面注入设备、管线剪切、地下渗流剪切后仍能够保持较高黏度，既具有颗粒调控剂特点又具备聚合物驱特征。

四、冻胶分散体的交联反应机理

从冻胶分散体交联剪切过程中黏度变化可以看出，冻胶分散体制备包括两个阶段：化学交联阶段和物理剪切阶段。化学交联阶段涉及不同分子间的化学交联反应，通过该化学反应，形成了致密本体冻胶结构；物理剪切阶段仅涉及物理剪切作用，通过该阶段实现冻胶分散体颗粒剪切成形。经过两个不同阶段，使得冻胶分散体颗粒既具备本体冻胶稳定性质，又具备颗粒调控剂特点。

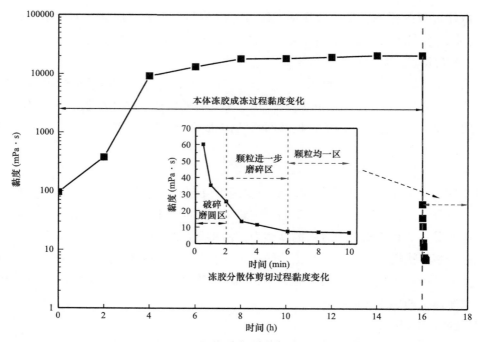

图 3-26　冻胶分散体交联剪切过程中的黏度变化

（一）本体冻胶形成机理

初始交联阶段，聚合物酰胺基团与树脂羟基基团发生脱水缩合反应，形成致密连续的冻胶网络结构（图 3-27）。该过程成冻体系实现由低黏度到高黏度，分子构象由无规则线团到致密有序网状结构转变，形成致密网络结构将水包裹其中，保证本体冻胶稳定性。

（二）冻胶分散体剪切成形机理

本体冻胶形成后，对该本体冻胶施加高剪切作用力，本体冻胶致密网络结构破碎，经过剪切、磨圆，形成具有规则形状冻胶分散体颗粒，通过调整机械剪切参数获得不同粒径分布冻胶分散体（图 3-28）。该过程仅涉及物理剪切作用，不涉及化学反应。因此，物理剪切作用后形成的冻胶分散体仍具有本体冻胶稳定性特点。

图 3-29 进一步展示了冻胶分散体形成机制。冻胶分散体形成包括地面本体冻胶成冻与本体冻胶剪切成形两个阶段。在地面本体冻胶成冻阶段，聚合物和交联剂形成黏度较高本体冻胶，黏度高达 18198.5mPa·s，经胶体磨高速剪切后，本体冻胶的黏度急剧下降，形成了具有黏弹性颗粒。本体冻胶经过粗磨碎、颗粒进一步磨碎，形成均一冻胶分散体颗粒分散体系。这是由胶体磨特殊结构形成的，当本体冻胶进入胶体磨中，本体冻胶在孔隙间隙中主要沿着转子运动方向运动，所受剪切力与冻胶分散体运动方向垂直；当本体冻胶进入胶体磨粗磨碎区时，受高速机械剪切力影响，本体冻胶致密网状结构断裂，形成粒径较大而不均匀颗粒，黏度急剧下降；该阶段形成颗粒随即进入细磨碎区，受该区域剪切作

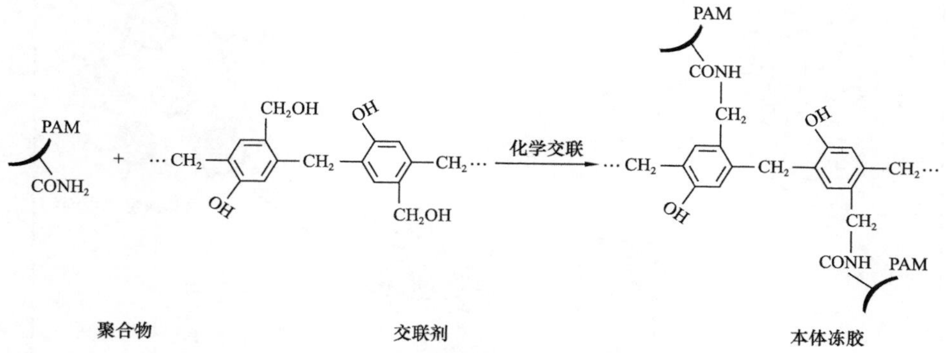

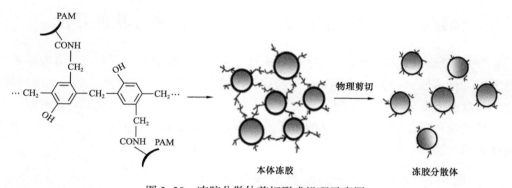

（a）本体冻胶交联化学反应

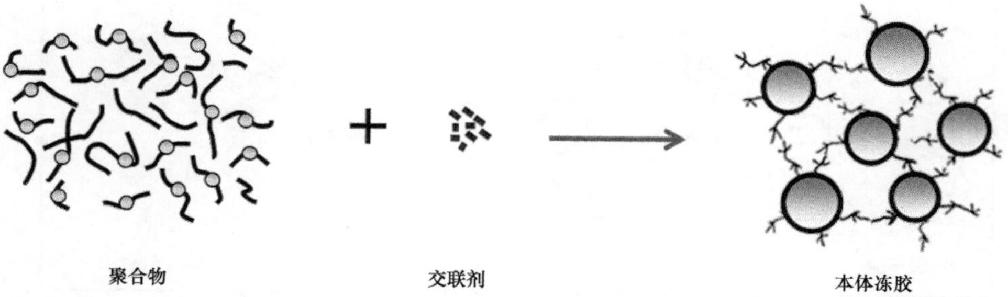

（b）本体冻胶形成示意图

图 3-27　本体冻胶形成机理示意图

图 3-28　冻胶分散体剪切形成机理示意图

用力影响，形成的冻胶分散体颗粒进一步减小，同时颗粒受离心力影响，定子内壁会对冻胶分散体有进一步磨圆作用，使之形成的颗粒形状较为规则；该阶段形成的冻胶分散体颗粒进入超细磨碎区，由于冻胶分散体在横向和纵向上受力较为均衡，使得冻胶分散体粒径进一步减小，黏度进一步降低；当循环系统开启时，剪切时间增加时，冻胶分散体会再次进入定转子间隙和定子斜槽使得颗粒粒径进一步减小，此时形成的冻胶分散体颗粒能够顺利通过定转子间隙和定子壁面斜槽。因此，冻胶分散体颗粒粒径与黏度不再随剪切时间增加而改变。

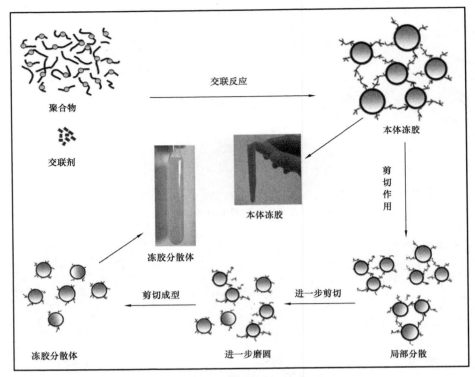

图 3-29　多尺度冻胶分散体形成机理示意图

第四节　多尺度冻胶分散体工业化制备软件开发

粒径是表征多尺度冻胶分散体性质的一个重要参数，在驱替过程中，只有向地层中注入合适尺寸的冻胶分散体，才能发挥颗粒调整渗流剖面能力。本研究利用机械剪切装置，建立多尺度冻胶分散体粒径与制备装置工艺参数（剪切速率、剪切间距和剪切时间）的关系，优化工业化制备参数，并在基础上开发冻胶分散体工业化制备软件，实现多尺度冻胶分散体简单、高效生产。

一、多尺度冻胶分散体制备模型建立思路

从推导数学公式可知，多尺度冻胶分散体粒径主要取决于转子剪切速率、剪切时间、剪切间距等设备参数，因此可以建立多尺度冻胶分散体粒径和机械剪切参数之间的函数关系式。由于多尺度冻胶分散体粒径和机械剪切参数之间的具体函数关系式难以精确回归，在建模时，采用迭代法时必须给定合适的初始值，否则难以建立正确数学模型。采用 1stopt 法建立数学模型时，可以无需给出初始值，通过全局优化算法建立相应数学模型。数学建模时首先利用 1stopt 软件对实验数据进行回归，建立相应的数学模型，然后根据建立的数学模型设置参数求解所需变量。

对于影响多尺度冻胶分散体粒径的单因素（剪切时间或剪切间距或剪切速率），分析研究结果可知，在一定实验条件下，多尺度冻胶分散体粒径对单因素有较好的函数关系。

考虑到剪切设备可操作性，固定设备剪切间距，改变剪切时间和速率实现多尺度冻胶分散体制备。当考虑剪切时间和转速两因素时，粒径对两因素有更高的函数拟合关系。由于制备的多尺度冻胶分散体粒径分布在纳米、微米、毫米级别，为了提高拟合精度，划分纳米、微米、毫米三个不同的区间，分别建立多尺度冻胶分散体粒径数学模型。根据实验结果，选取麦夸特法（Levenberg–Marquardt）与通用全局优化算法，采用 1stopt 软件对数据进行了连续函数回归。图 3–30 给出了模型建立的思路，采用 1stopt 软件对数据进行回归，建立模型，优化参数，然后根据建立模型，采用 python 开源语言进行编程，开发工业化制备软件。根据该软件选择制备参数，为多尺度冻胶分散体的工业化生产提供技术支撑。

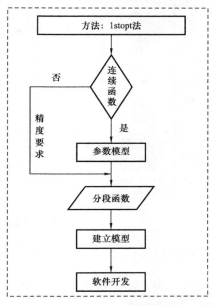

图 3–30　多尺度冻胶分散体模型建立思路

二、多尺度冻胶分散体制备模型的建立

采用工业化改进型 240 胶体磨控制不同剪切时间、剪切速率、剪切间距因素，得 185 组多尺度冻胶分散体粒径数据。从粒径分布情况可知，多尺度冻胶分散体粒径主要在纳米、微米、毫米区间分布，其中剪切速率为影响多尺度冻胶分散体粒径主控因素。因此，采用 1stopt 软件对粒径数据进行拟合，分别建立纳米、微米、毫米级多尺度冻胶分散体的数学模型。

对于纳米级冻胶分散体数据迭代 21 次后，回归后的数学模型见式（3–19）：

$$f(x_1, x_2, x_3) = a_1 \cdot x_1^{a_2} + a_3 \cdot x_2^{a_4} + a_5 \cdot x_3^{a_6} + a_7 \cdot x_1^{a_2} \cdot x_2^{a_4} + a_8 \cdot x_2^{a_4} \cdot x_3^{a_6} + a_9 \qquad （3–19）$$

式中　f——粒径，nm；

x_1——剪切速率，r/min；

x_2——剪切时间，min；

x_3——剪切间距，μm；

a_i——系数，为标量。

上述拟合函数模型相关系数 R=0.9926，拟合程度较高，拟合函数图与实验数据结果图如图 3–31 所示。由图可知，建立的数学模型和冻胶分散体具有较高拟合精度，能够反映生产实际。因此，将该模型作为纳米级冻胶分散体制备的工艺参数模型。

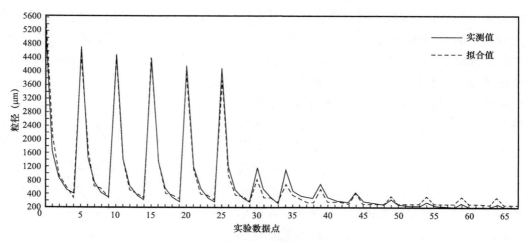

图 3-31　纳米级冻胶分散体数值拟合函数图

对于微米级冻胶分散体的数据迭代 22 次后，回归后的数学模型见式（3-20）：

$$f(x_1, x_2, x_3) = a_1 \cdot x_1 + a_3 \cdot x_2^{a_4} + a_5 \cdot x_3 + a_7 \cdot \lg(x_1) \cdot x_2 + a_8 \cdot x_2 \cdot x_3 + a_9 \qquad (3-20)$$

式中　f——粒径，μm；

　　　x_1——剪切速率，r/min；

　　　x_2——剪切时间，min；

　　　x_3——剪切间距，μm；

　　　a_i——系数，为标量。

上述拟合函数模型相关系数 $R=0.9525$，拟合程度较高，拟合函数图与实验数据结果图如图 3-32 所示。由图可知，建立的数学模型和冻胶分散体具有较高拟合精度，能够反映生产实际。因此，将该模型作为微米级冻胶分散体制备的工艺参数模型。

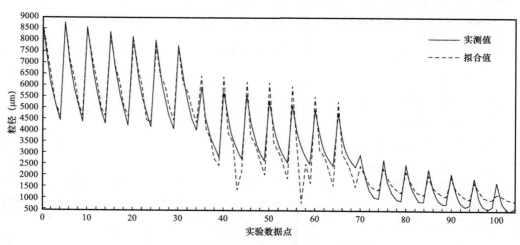

图 3-32　微米级冻胶分散体数值拟合函数图

对于毫米级冻胶分散体的数据迭代 22 次后，回归后的数学模型见式（3-21）：

$$f(x_1, x_2, x_3)=a_1 \cdot \lg(x_1)+a_3 \cdot x_2^{a_4}+a_5 \cdot x_3+a_6 \cdot \lg(x_1) \cdot x_2+a_7 \cdot x_2 \cdot \lg(x_3)+a_8 \quad (3-21)$$

式中　f——粒径，mm；

　　　x_1——剪切速率，r/min；

　　　x_2——剪切时间，min；

　　　x_3——剪切间距，μm；

　　　a_i——系数，为标量。

上述拟合函数模型相关系数 R=0.9322，拟合程度较高，拟合函数图与实验数据结果图如图 3-33 所示。可知，建立的数学模型和冻胶分散体具有较高拟合精度，能够反映生产实际。因此，将该模型作为微米级冻胶分散体制备的工艺参数模型。

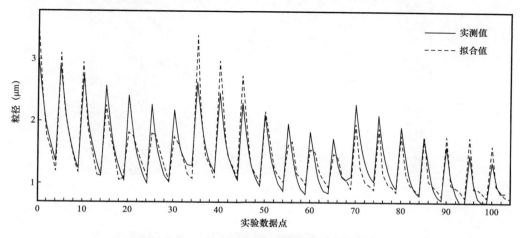

图 3-33　毫米级冻胶分散体数值拟合函数图

从不同区间建立的数学模型可知，本研究生产工艺参数模型与工业化生产动态分析吻合率达 90% 以上。因此，可以选择纳米级、微米级和毫米级多尺度冻胶分散体数学模型作为工业化生产的设计模型。

三、多尺度冻胶分散体工业化制备软件的开发

基于建立的纳米级、微米级和毫米级多尺度冻胶分散体数学模型，采用 python 开源语言对数学模型进行编程，开发了多尺度冻胶分散体规模化制备软件[9]，通过该软件，可以根据生产需要，选择合适工艺参数实现不同粒径的冻胶分散体快速制备。

（一）软件功能简介

利用多尺度冻胶分散体工业化制备软件，根据油藏应用实际生产所需粒径的冻胶分散体，结合纳米级/微米级/毫米级冻胶分散体工业化生产的可操作性、便捷性，输入所需冻胶分散体粒径和机械剪切 2 个参数，即可得出机械剪切第 3 个参数。

技术特点：采用 python 开源语言开发，具备良好可扩展性，容错性能好，界面设计

人性化，易于学习操作等。

（二）软件登录

运行打包程序后，首先出现的是软件登录界面（图3-34），输入授权用户名和密码后，可登录软件。软件登录后进入主界面，主要分为三大功能模块：纳米级冻胶分散体工业化制备模型、微米级冻胶分散体工业化制备模型和毫米级冻胶分散体工业化制备模型（图3-35）。

图3-34　软件登录界面

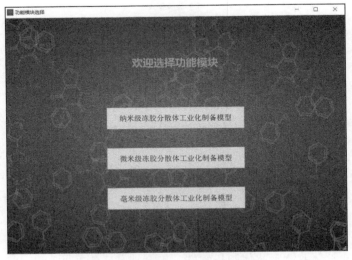

图3-35　软件主界面，包含三大功能模块

（三）软件运行

以纳米级冻胶分散体工业化制备模块为例说明软件运行模式。点击图3-35中"纳米

级冻胶分散体工业化制备模型"按钮，进入对应模型界面（图3-36）。在图3-36所示界面中，有以下几部分。

（1）求解纳米级冻胶分散体工业化制备的剪切间距。

输入参数为：① D_{DPG} 为纳米级冻胶分散体工业化制备的粒径，取值范围100～1000，单位为nm；② R 为机械剪切装置的剪切速率，取值范围2500～3500，取整数，单位为r/min；③ T 为机械剪切装置的剪切时间，取值范围0～15，取整数，单位为min。

输出参数为：机械剪切装置的剪切间距 S，取值范围10～130，取整数，单位为μm。

（2）求解纳米级冻胶分散体工业化制备的剪切时间。

输入参数为：① D_{DPG} 为纳米级冻胶分散体工业化制备的粒径，取值范围100～1000，单位为nm；② R 为机械剪切装置的剪切速率，取值范围2500～3000，取整数，单位为r/min；③ S 为机械剪切装置的剪切间距，取值范围10～130，取整数，单位为μm。

输出参数为：机械剪切装置的剪切时间 T，取值范围0～15，取整数，单位为min。

（3）求解纳米级冻胶分散体工业化制备的剪切速率。

输入参数为：① D_{DPG} 为纳米级冻胶分散体工业化制备的粒径，取值范围100～1000，单位为nm；② T 为机械剪切装置的剪切时间，取值范围0～15，取整数，单位为min；③ S 为机械剪切装置的剪切间距，取值范围10～130，取整数，单位为μm。

输出参数为：机械剪切装置的剪切速率 R，取值范围2500～3500，取整数，单位为r/min。

功能按钮：① 输入参数：在输入参数填写完成后，点击该按钮启动运算，运算完成后，得出所需纳米级冻胶分散体的具体制备工艺参数，如图3-36所示；② 清除参数：当输入参数不满足要求时，可清除所输入的参数；③ 返回：点击返回功能模块按钮可返回主界面（图3-35）。

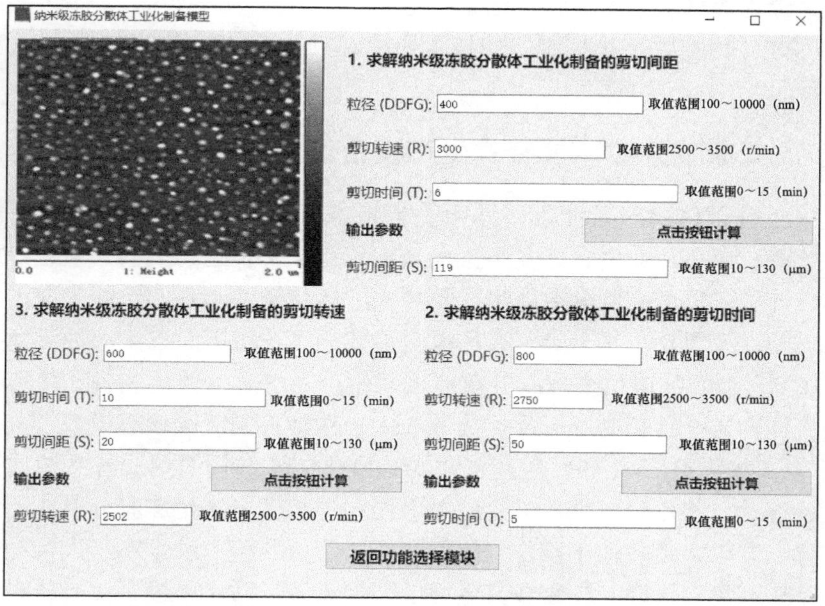

图3-36 纳米级冻胶分散体工业化制备模块界面

对于微米级、毫米级冻胶分散体工业化制备模块可按照上述步骤进行操作。根据生产需要，利用该制备软件，可选择工艺制备参数，实现多尺度冻胶分散体的工业化生产。

（四）软件退出

所有工作完成后，返回主界面，点击右上角关闭按钮，确认退出软件。

第五节　冻胶分散体工业化生产装备设计

根据工况不同，设计了多尺度冻胶分散体工业化车间生产装备和生产及注入一体化橇装装备。工业化车间生产装备可满足常规工况多尺度冻胶分散体生产，适合短距离运输油田矿场施工；生产及注入一体化橇装装备不仅适用常规工况施工，也可适用沙漠、滩涂、丘陵、海上作业平台等复杂工况施工，克服了长距离运输、包装等成本高的弊端。截至 2020 年，多尺度冻胶分散体工厂车间生产线现有 12 条，生产及注入一体化橇装装备 8 条，实现了国内外 17 个油田主力区块的矿场应用。

一、冻胶分散体工业化车间生产装备设计

工业化车间生产装备可满足常规工况多尺度冻胶分散体生产，适合短距离运输的油田矿场施工。以胜利油田为例，在山东省东营市周边建立了年产 5000t 及以上工厂化生产线 3 条，可满足胜利油田及周边市场多尺度冻胶分散体矿场施工需求。以西安长庆化工集团咸阳石化有限公司为例，工业化车间生产装备主要由本体冻胶化学交联反应系统、剪切研磨系统、高黏流体输送系统、精准调控系统和冻胶分散体存储系统五部分组成。该生产装备能够满足聚合物溶解、本体冻胶"地面快速成胶""高黏流体输送"、多尺度冻胶分散体"高效剪切磨圆""精准数字化控制"的技术要求，具体设计如图 3-37 所示，车间实物图如图 3-38 所示。

二、多尺度冻胶分散体橇装式生产装备设计

多尺度冻胶分散体生产及注入一体化橇装装备不仅适用常规工况施工，也可适用沙漠、滩涂、丘陵、海上作业平台等复杂工况施工，克服了长距离运输、包装等成本高的弊端。为此，设计了多尺度冻胶分散体生产及注入一体化橇装装备，作业工况由常规区域拓展到沙漠、丘陵、海上狭小平台等复杂环境全天候全工况覆盖。以中海油天津某转化企业为例，设计了日产能 30t 多尺度冻胶分散体橇装生产及注入一体化装备，该装备集成地面成胶—高黏流体输送—剪切磨圆—便捷分散注入—精准控制五大核心模块组成，具体设计见图 3-39，装备实物见图 3-40。生产及注入一体化装备结构简单，各系统均设置在橇板上，便于设备移动，使用时只须通过管路和电缆相连接即可满足冻胶分散体连续在线生产机注入一体化。同时，装备便于操作，使用便捷，降低了生产成本和工人劳动强度，改善了施工人员工作环境。同时，该装备具备智能调控系统，防水、设备过运转自动报警、断电保护功能，提高了冻胶分散体的现场生产安全性能。由本课题组设计的多尺度冻胶分散

体在线生产及注入一体化橇装装备先后通过了法国船级社、中国船级社双认证，助推了技术国际化发展。

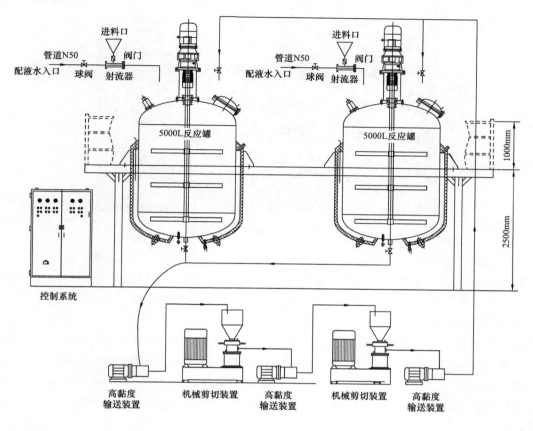

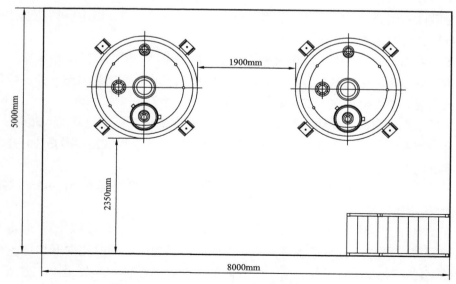

图 3-37 工业化生产车间流程设计

图 3-38　工业化生产车间实景

其中集成地面快速成胶模块由射流器、物料漏斗、输水管线、反应罐、升温装置、安全阀门和固定底座组成，实现聚合物快速溶解及成胶液在常压下快速反应，且保温效果好，避免了能源浪费；剪切磨圆模块由改进型胶体磨、输水管线和安全阀门组成，实现本体冻胶快速剪切磨圆及不同尺度冻胶分散体生产快速调整；高黏流体输送模块由耐高温齿轮泵、输水管线和安全阀门组成，满足黏度高达 $10 \times 10^4 \text{mPa·s}$ 流体预处理剪切和快速输送；便捷分散注入模块由高压柱塞泵、流量计、输水管线和安全阀组成，能够将生产冻胶分散体连续伴注井口，节省了注入费用；精准控制模块由地面快速成胶模块控制器、高效剪切磨圆控制器、高黏流体输送模块、便捷分散注入模块、过电流保护装置、防爆快速插头和防爆柜体组成，该系统通过防爆快速插头与地面快速成胶模块、高效剪切磨圆系模块和便捷分散注入模块相连接，具备防水、设备过运转自动报警、断电保护功能，保证各系统安全进行，同时也方便各系统快速连接。

以多尺度冻胶分散体生产及注入一体化橇装装备为例，说明具体操作步骤：

（1）称量一定质量功能聚合物，通过射流混配系统将聚合物加入到本体冻胶化学交联反应系统反应罐中，搅拌 30～60min，制得功能聚合物溶液。

（2）通过射流混配系统将交联剂、促凝剂、稳定剂按照一定比例加入步骤（1）制得功能聚合物溶液中，将本体冻胶化学交联反应系统中的混合溶液搅拌分散 10～20min，制得本体冻胶成胶液。

（3）开启本体冻胶化学交联反应系统的升温装置，控制温度 90～95℃，持续加温 5～8h，制得本体冻胶体系。

（4）正向开启本体冻胶化学交联反应系统的高黏流体泵，将步骤（3）制得本体冻胶体系输送至剪切研磨系统的胶体磨，调整胶体磨剪切速率；同时正向开启冻胶分散体存储系统的高黏流体泵，将制备的冻胶分散体输送至存储系统的搅拌罐中，完成 1 次剪切研磨。

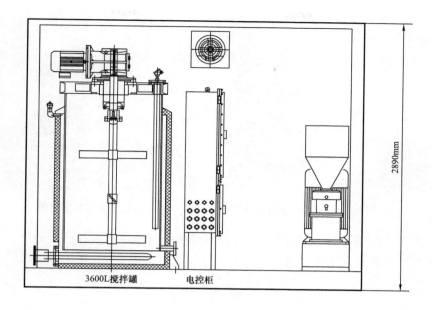

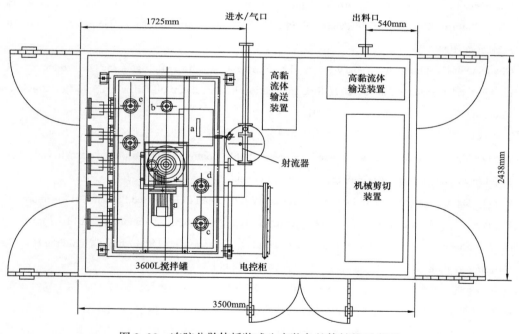

图 3-39　冻胶分散体橇装式生产装备整体结构示意图

（5）反向开启冻胶分散体存储系统的高黏流体泵，将步骤（4）中 1 次循环制备的冻胶分散体再次输送至剪切研磨系统中的胶体磨，调整胶体磨剪切速率；同时开启本体冻胶化学交联反应系统的高黏流体泵，将制备的冻胶分散体输送至本体冻胶化学交联反应系统的反应罐，完成 2 次剪切研磨。

（6）依次进行步骤（4）、（5），完成 1～6 次剪切研磨，得多尺度冻胶分散体。

图 3-40　冻胶分散体连续在线生产及注入一体化橇装装备实物图

（7）步骤（6）制得的多尺度冻胶分散体经便捷分散注入模块注入地下，完成冻胶分散体在线生产及注入一体化工艺。

参 考 文 献

［1］Chauveteau G，Tabary R，Renard M.Controlling In-Situ Gelation of Polyacrylamide by Zirconium for Water Shutoff［C］.In: SPE International Symposium on Oilfield Chemistry，Houston，Texas，16-19 February，1999.

［2］Chauveteau G，Omari A，Tabary R，et al.New Size-Controlled Microgels for Oil Production［C］. In: SPE64988 presented at the 2001 SPE International Symposium on Oilfield Chemistry Conference，Houston，Texas，13-16 February，2001.

［3］陈凯.微动胶堵剂的制备、性能评价及应用研究［D］.东营: 中国石油大学，2007，1-50.

［4］You Q，Tang Y，Dai C，et al.Research on a New Profile Control Agent: Dispersed Particle Gel［C］.In: SPE Enhanced Oil Recovery Conference，Kuala Lumpur，Malaysia，19-21 July，2011.

［5］You Q，Dai C，Tang Y，et al.Study on Performance Evaluation of Dispersed Particle Gel for Improved Oil Recovery［J］.Transactions of the ASME: Journal of Energy Resources Technology，2013，135: 1-7.

［6］Dai C，Zhao G，Zhao M，et al.Preparation of Dispersed Particle Gel（DPG）through a Simple High Speed Shearing Method［J］.Molecules，2012，17: 14484-14489.

［7］赵光，由庆，谷成林，等.多尺度冻胶分散体制备机理［J］.石油学报，2017，38（7）: 821-829.

［8］赵光.冻胶分散体的制备与性能评价［D］.青岛: 中国石油大学，2012，33-34.

［9］戴彩丽，赵光，薄启炜，等.多尺度冻胶分散体工业化制备软件［P］.计算机软件著作权，2020SR0277181.

第四章　多尺度冻胶分散体调驱技术

多尺度冻胶分散体深部调驱技术是新发展的化学控水技术，在油田上具有应用潜能。要充分发挥冻胶分散体的深部调驱作用，必须对其应用性能进行研究。本章从多尺度冻胶分散体的基本性质、与储层孔喉匹配关系、调驱性能开展研究，并从宏观和微观两方面揭示其调驱机理，为其矿场应用提供理论支撑。

第一节　冻胶分散体性质表征

本节借助黏度计、激光粒度分析仪、扫描电镜和 Zeta 电位测定仪等现代分析手段表征多尺度冻胶分散体的黏度、粒径、自生长聚结性能、微观形貌等性质[1]，为其在油田推广应用奠定基础。实验所用模拟水矿化度为 $5.0 \times 10^4 \text{mg/L}$，$Ca^{2+}$、$Mg^{2+}$ 含量为 3000mg/L。

一、冻胶分散体黏度特征

（一）黏浓关系

考察了多尺度冻胶分散体的黏浓关系，并与 II 型功能聚合物的黏度进行了对比，实验结果如图 4-1 所示。可知，两种体系的黏度随着质量分数增加而增加。但 II 型功能聚合物黏度明显高于冻胶分散体黏度，且随着浓度增加这种现象越明显。由于制备冻胶分散体的本体冻胶为高黏弹性流体，高剪切作用虽然剪断了本体冻胶的长链束，但本体冻胶具有一定的黏弹性，剪断后的长链束仍保持较高黏弹性。因此，由该长链束形成的冻胶分散体颗粒液仍具有较高黏弹性。多尺度冻胶分散体体系黏度随质量分数增加可以用 Krieger–Dougherty 公式（4-1）解释。

$$\frac{\eta}{\eta_{\text{medium}}} = \left(1 - \frac{\varphi}{\varphi_{\text{m}}} \right)^{-[\eta]\varphi_{\text{m}}} \tag{4-1}$$

式中　η——悬浮体黏度；

　　　H_{medium}——基液黏度；

　　　φ——固体颗粒的体积分数；

　　　φ_{m}——固体颗粒的最大体积分数；

　　　$[\eta]$——特性黏度指数，当颗粒为球体时特性黏度指数为 2.4。

可以看出，当多尺度冻胶分散体浓度增加时，体系黏度随之增大。冻胶分散体颗粒含量增加时，颗粒堆积紧密，间距减小，颗粒的自由移动变得困难，增大了颗粒间的相互作用力，由此引起的流动阻力变大，使体系黏度陡然增大。

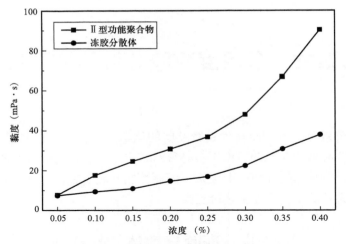

图 4-1　冻胶分散体和Ⅱ型功能聚合物的黏浓关系

（二）黏温关系

以Ⅱ型功能聚合物的黏度为对比，考察了温度对多尺度冻胶分散体体系黏度影响，二者浓度均为 0.25%，实验结果如图 4-2 所示。由图可知，随着温度升高，两种体系黏度降低。温度升高使聚合物分子热运动加快，分子间回旋半径减小，相互作用力降低，导致黏度降低；温度升高使聚合物分子溶剂化程度减小，导致原子内旋转阻力增加，使得聚合物分子链蜷曲，降低其黏度，但温度升高的同时也会加速分子间的相互碰撞概率使得黏度上升，但这种作用是相对低的，因此聚合物的黏度随温度升高而降低。对于冻胶分散体而言，黏度一部分来自于高黏弹性本体冻胶，本体冻胶具有较高耐温性能；一部分来自于颗粒碰撞接触产生的内摩擦力，温度升高加速了颗粒之间的碰撞，带来了黏度升高。因此，多尺度冻胶分散体黏度随温度升高降低幅度较小。

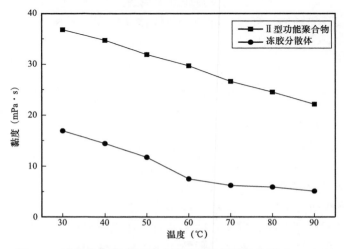

图 4-2　冻胶分散体和Ⅱ型功能聚合物的黏温关系（6r/min）

二、抗剪切性能

本研究以本体冻胶的功能聚合物为对比，考察了多尺度冻胶分散体的抗剪切性能。室温下，采用waring剪切机在1000r/min剪切速率下分别剪切不同时间，30℃测定相应黏度，二者浓度均为0.25%，实验结果如图4-3所示。可知，随着剪切时间增加，功能聚合物的黏度急剧下降，而多尺度冻胶分散体体系黏度略微降低。由于功能聚合物以无规则线团分散在溶液中，当高速剪切时，无规则线团被剪断，形成众多分子量较小的线团，小分子线团难以形成有效的缠绕结构。因此，聚合物的黏度大幅度降低。多尺度冻胶分散体是由高黏弹性本体冻胶经高速机械剪切形成的稳定体系，在此剪切作用下，颗粒粒径与溶液中颗粒固含量基本不变，颗粒之间相互接触碰撞仍能产生有效黏度。

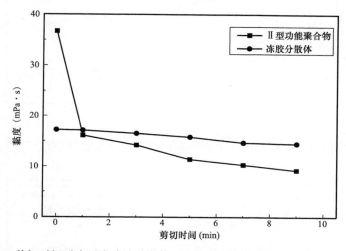

图4-3 剪切时间对多尺度冻胶分散体和Ⅱ型功能聚合物黏度的影响（6r/min）

实验进一步考察了两种体系剪切后的黏度恢复性能，结果如图4-4所示。室温静置24h后，功能聚合物的黏度恢复率仅为50%，这是由于被剪断的无规则线团重新聚合形成结构黏度，但剪断的无规则线团不能完全恢复。多尺度冻胶分散体的黏度基本无变化，说明多尺度冻胶分散体具有较好的耐剪切和稳定性能。

三、热稳定性能

采用模拟水配制浓度为0.25%Ⅱ型功能聚合物和冻胶分散体，考察两种体系黏度90℃稳定性能，结果如图4-5所示。由图可知，随着老化时间增加，两种体系黏度均下降。老化60d后，Ⅱ型功能聚合物黏度下降率高于76.8%，多尺度冻胶分散体黏度由17mPa·s下降至10.2mPa·s，黏度下降率仅为40%。高温老化造成聚合物发生热氧化降解，引起聚合物侧基发生水解反应，降低了聚合物分子量。此外，模拟水中的高浓度钙镁离子与聚合物易形成络合物生成絮凝现象。因此，Ⅱ型功能聚合物老化后黏度大幅度降低。从多尺度冻胶分散体的形成机理可知，本体冻胶是由聚合物和交联剂形成的致密网络结构，机械剪切作用仅仅将本体冻胶破碎，不涉及化学反应，因此形成的多尺度冻胶分散体溶液仍具有较高热稳定性。冻胶分散体在高温条件下产生聚集，形成较大颗粒，颗粒之间相互作用力减小，导致黏度降低。但降低幅度不大，表明多尺度冻胶分散体具有较高热稳定性能。

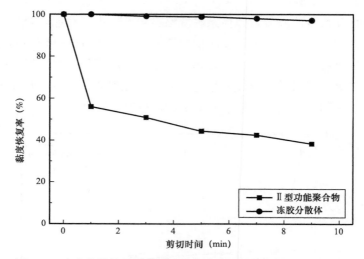

图 4-4　冻胶分散体和Ⅱ型功能聚合物黏度恢复能力（静置 24h）

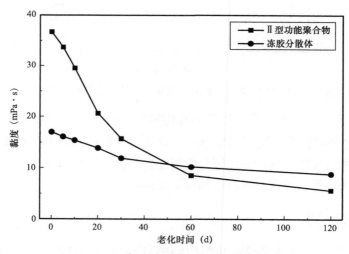

图 4-5　冻胶分散体和聚合物的黏度随时变化

四、自生长聚结能力

以高矿化度模拟水配制多尺度冻胶分散体，90℃恒温箱中老化不同时间，考察老化时间对冻胶分散体自生长聚结膨胀性能影响。为了便于测试，每天将待测样均匀晃动 5min，采用激光粒度分析仪测定其粒径变化。图 4-6 给出了冻胶分散体老化前后的粒径变化。冻胶分散体颗粒老化 20d 后，平均粒径由初始 1.92μm 增加到 36.88μm。高温作用下，冻胶分散体粒径增大，不仅涉及自身颗粒增大，而且主要涉及多个颗粒之间自生长相互聚并，形成较大聚结体，使得颗粒粒径明显增大。此外，尽管配液水矿化度较高，但颗粒仍具有自生长聚结能力，说明多尺度冻胶分散体具有较好耐温抗盐性能。

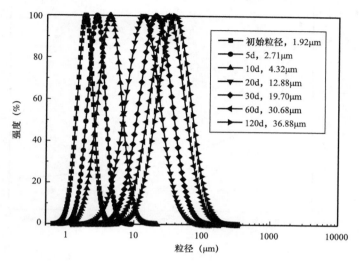

图 4-6　冻胶分散体老化前后粒径分布

五、Zeta 电位分析

Zeta 电位是表征颗粒稳定性的基本参数，Zeta 电位越小，颗粒越倾向于聚结。由于制备的多尺度冻胶分散体是水分散性黏弹性颗粒，在高温下主要通过自生长聚结实现颗粒粒径变大，实现对地层高渗透部位的调控作用。考虑到 Zeta 电位仪抗盐范围，实验仅考虑多尺度冻胶分散体在 10000mg/L 模拟水中（Na^+，9100mg/L；Ca^{2+}，600mg/L；Mg^{2+}，300mg/L）的电位变化，结果如图 4-7 所示。由图可知，多尺度冻胶分散体颗粒高温老化后 Zeta 电位绝对值变小，说明冻胶分散体颗粒之间静电斥力减小，颗粒自生长形成大的聚结体。当加入盐离子后，带正电荷盐离子中和颗粒表面负电荷，使得颗粒间静电斥力作用减小，因此，冻胶分散体颗粒在盐水中易于聚集。此外，钙镁离子拥有比钠离子高的离子价，导致钙镁离子具有较强中和颗粒表面电荷能力。因此，冻胶分散体颗粒容易在离子价高的盐溶液产生聚集，导致颗粒增大。高温老化后冻胶分散体的粒度分布曲线也证实了这点。多尺度冻胶分散体这种自生长聚结性质对调整渗流剖面是有利的。当冻胶分散体颗粒在多孔介质中运移时，受地层理化性质影响，颗粒自生长聚结长大，实现对地层高渗透区域有效调控，达到调整渗流剖面目的。

六、宏观形貌

在 130℃，22×10^4mg/L 油藏条件下考察制备冻胶分散体宏观聚结能力，结果如图 4-8 所示。由图可知，经过老化后，多尺度冻胶分散体由单颗粒均匀分散、单颗粒膨胀到多颗粒自聚结长大过程，具有自生长特点。老化 300d 后，冻胶分散体颗粒聚结体仍然存在，没有发生降解、脱水现象，表现出良好的耐温抗盐性能。

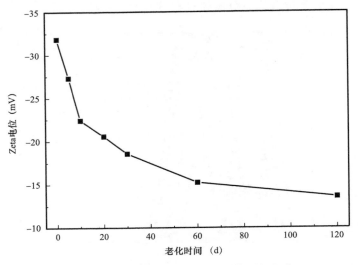

图 4-7　冻胶分散体 Zeta 电位老化时间变化

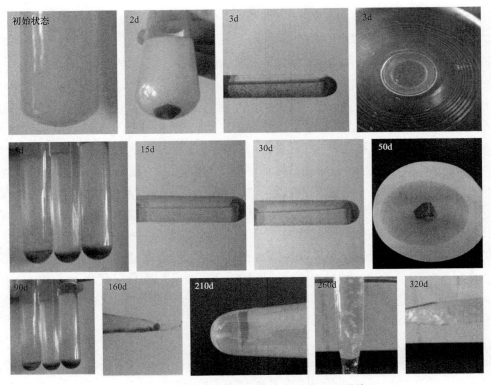

图 4-8　多尺度冻胶分散体老化前后宏观形貌

七、微观形貌

采用扫描电镜观察冻胶分散体老化前后的微观形貌变化。为了进一步模拟油藏条件，将冻胶分散体密封安瓿瓶中并采用震荡空气浴对样品固定震荡，每隔一段时间，取出样品，采用 SEM 扫描电镜进行观察。由图 4-9 可知，冻胶分散体颗粒老化前主要以单个颗粒均匀分散，粒径主要在 1.5～2.1μm 之间均匀分布。高温老化 5d 后，单个颗粒粒径开始变大，形状趋于无规则，但单个冻胶分散体颗粒膨胀是有限度的，这种特点能够使颗粒保持较高强度；当冻胶分散体进一步老化时，多个冻胶分散体颗粒之间相互聚结，颗粒间黏连程度增加，形成较大聚结体，当老化 30d 后，聚结体倍数可达 30 倍以上。由于冻胶分散体粒径较小，表面能较大，有自生长长大趋势，而且粒径越小，这种聚结趋势越明显。冻胶分散体颗粒未老化前，由于颗粒间带有同种电荷相互排斥，阻止了颗粒靠近。当冻胶分散体颗粒在高温高盐油藏条件下老化后，电解质存在和高温加速了颗粒聚集。由于冻胶分散体颗粒表面带负电，而高矿化度模拟水中含有高浓度盐离子（Na^+，Ca^{2+}，Mg^{2+}），将有较多的反离子挤入吸附层从而减少甚至完全中和了冻胶分散体颗粒表面所带电荷，使颗粒之间相互斥力减少，导致颗粒聚集。而冻胶分散体颗粒经过高温老化后，颗粒无规则布朗运动增加，增加了颗粒间碰撞接触机会，加速了颗粒聚集。

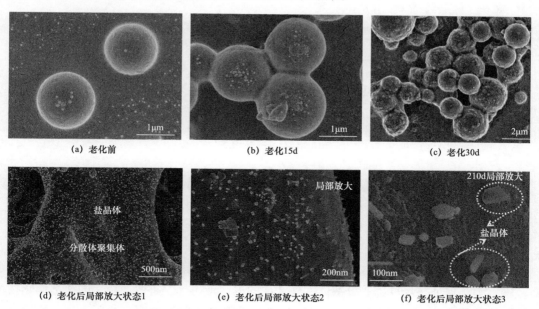

图 4-9　多尺度冻胶分散体微观形貌随老化时间变化

第二节　冻胶分散体与储层孔喉匹配关系

多尺度冻胶分散体粒径与储层孔喉匹配关系是其深部调驱效果的重要保障。本节利用岩心流动物理实验模型，建立冻胶分散体粒径与储层可测参数的匹配关系[2-3]，以实现颗粒有效深部注入，为多尺度冻胶分散体深部调驱技术的矿场实施提供指导。

一、匹配关系数学模型建立

多尺度冻胶分散体与储层孔喉匹配关系，可以表示为冻胶分散体颗粒平均直径与孔喉平均直径比值，通过建立匹配系数来反映，其定义如公式（4-2）所示。

$$\psi = \frac{d}{D} \tag{4-2}$$

式中　ψ——匹配系数；

　　　d——冻胶分散体颗粒平均直径，μm；

　　　D——储层孔喉平均直径，μm。

公式（4-2）中，多尺度冻胶分散体颗粒平均直径为可测参数，孔喉平均直径无法直接获得，引入 Carman–Kozeny 公式（4-3），通过储层渗透率计算孔喉平均直径。

$$K = \frac{\phi D^2}{16 f_{CK} \cdot \tau^2} \tag{4-3}$$

式中　K——储层渗透率，μm^2；

　　　ϕ——储层孔隙度，%；

　　　f_{CK}——形状系数；

　　　τ——迂曲度。

对于常规储层，$f_{CK} \cdot \tau^2$ 可取经验值 4.5。将式（4-3）代入式（4-2）中，匹配系数可转化为：

$$\psi = d \left(\frac{72K}{\phi} \right) 0.5 \tag{4-4}$$

由式（4-4）可知，匹配系数由多尺度冻胶分散体颗粒平均直径、储层渗透率、孔隙度共同决定。

二、匹配系数优选

借助岩心物理模拟实验，以冻胶分散体注入性和调控效果为指标，优化出最佳匹配系数范围。为了保证多尺度冻胶分散体实现"注的进、走得远、有效调控"的深部调驱技术目标，优化标准为：冻胶分散体注入量在 1.0 倍孔隙体积时开始明显起压，且封堵性实验中对岩心封堵率不低于 80%。

通过改变多尺度冻胶分散体颗粒平均直径或岩心渗透率，可得到不同匹配系数条件下冻胶分散体注入压差、阻力因子随注入量的变化关系，如图 4-10 和图 4-11 所示。

由图 4-10 和图 4-11 可知，不同匹配系数下，多尺度冻胶分散体注入性及调控效果不同，具体有以下三点：

（1）当匹配系数较大（$\psi > 0.349$）时，驱替压差在注入孔隙体积倍数约 0.5PV 时出现

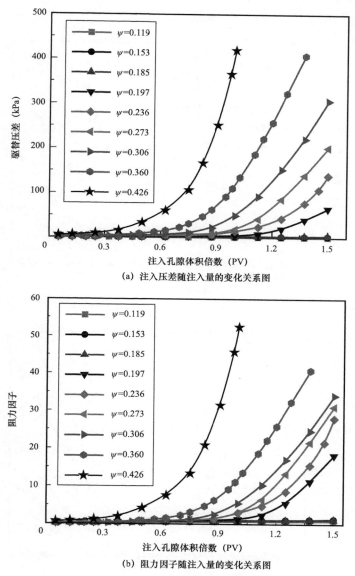

(a) 注入压差随注入量的变化关系图

(b) 阻力因子随注入量的变化关系图

图 4-10　不同匹配系数冻胶分散体注入性

（固定冻胶分散体颗粒平均直径 3.0μm，改变岩心渗透率）

明显升高，此时产出端产液量逐渐减少甚至停止产出，产出液中冻胶分散颗粒浓度远低于注入浓度。由于注入的冻胶分散体颗粒平均直径较大，颗粒快速在孔喉内堆积卡堵，驱替压差快速升高，后续注入颗粒滞留在注入端而难以进入深部区域，因此该匹配系数条件下的冻胶分散体注入性能较差。

（2）当匹配系数适中（0.197＜ψ＜0.306）时，驱替压差在注入孔隙体积倍数约 1.0PV 时才会出现明显升高，此时产出端的产液量降低但是没有停止产出。适度的驱替压差升高表明该匹配系数下冻胶分散体颗粒在多孔介质内发挥了深部调控作用，提高了流动阻力，改善了储层非均质性，具有良好注入性能和封堵能力。

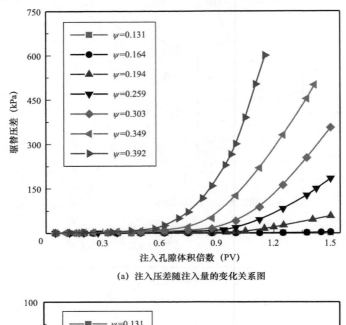

(a) 注入压差随注入量的变化关系图

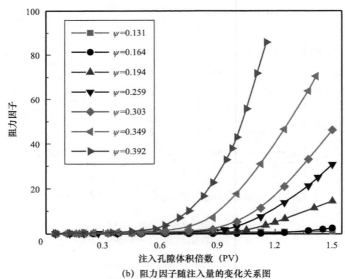

(b) 阻力因子随注入量的变化关系图

图 4-11　不同匹配系数冻胶分散体注入性
（固定岩心渗透率约 2.0D、改变冻胶分散体颗粒平均直径）

（3）当匹配系数较小（$\psi < 0.185$）时，直到注入结束，驱替压差在注入过程中均没有明显抬升，且产出端产液量稳定不变，产出液中可见明显的冻胶分散体颗粒。由于冻胶分散体颗粒平均直径相对于孔喉平均直径较小，颗粒直接通过岩心孔喉进入岩心深部直至流出岩心。该匹配系数条件下冻胶分散体注入性能好，但无法形成稳定堆积或架桥，封堵调控能力不足。

因此，为了保证冻胶分散体顺利注入、不发生堵塞且能够形成有效的封堵效果。初步优选匹配系数范围：0.20～0.30。

另一方面，通过多尺度冻胶分散体的调控能力进一步验证优选匹配系数范围。考察不同匹配系数下冻胶分散体的调控性能，岩心饱和盐水后水驱至稳定得到稳定驱替压差，然后注入 1 倍孔隙体积的冻胶分散体，老化后再次水驱，记录水驱稳定驱替压差，计算得到岩心封堵率和残余阻力系数。得到不同匹配系数条件下多尺度冻胶分散体对岩心的封堵率和残余阻力系数，如图 4-12 所示。

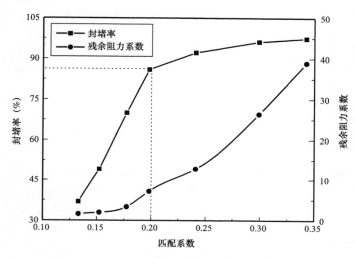

图 4-12　不同匹配系数条件下的调控能力

图 4-12 表明，当匹配系数大于 0.20 时，冻胶分散体对岩心封堵率 85%，已满足了冻胶分散体调驱的技术要求。因此，综合多尺度冻胶分散体注入性能及调控能力，优化出最佳匹配系数范围为 0.20～0.30。

第三节　冻胶分散体调驱性能

建立岩心物理模型，以封堵率、剖面改善率、提高采收率增值为指标，对多尺度冻胶分散体的流度控制能力、剖面改善率及驱替潜力进行评价，为其矿场应用奠定基础。

一、流度控制能力

借助岩心流动实验物理模型，考察了多尺度冻胶分散体高温高盐油藏条件下的封堵性能及耐冲刷性能。模拟水矿化度为 21×10^4mg/L，（Na^+：7.4×10^4mg/L；Ca^{2+}&Mg^{2+}：8000mg/L），实验温度 120℃；冻胶分散体平均粒径为 2.6μm，使用浓度 0.1%（本体冻胶与模拟水配比 1∶4）。实验装置流程图如图 4-13 所示，实验参数见表 4-1，实验结果如图 4-14 所示。

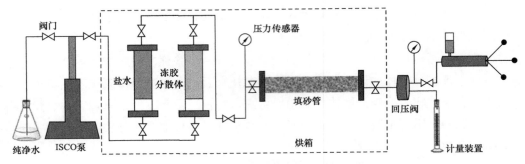

图 4-13　单管驱替物理模拟实验装置示意图

表 4-1　封堵及耐冲刷性能实验参数表

实验序号	填砂管渗透率（D）	填砂管孔隙度（%）	注入量（PV）	回压（MPa）	老化天数（d）
1	0.70	29.6	1.0	20	10
2	0.67	28.7	1.0	20	30
3	0.72	30.2	1.0	20	60

　　由图 4-14 可知，经过长时间老化后，后续水驱压差急剧上升，经过多个 PV 模拟水冲刷后，水驱压差趋于平稳，且保持较高水平，封堵率均能保持在 85% 以上。由此可知，多尺度冻胶分散体产品在高温高盐条件下具有良好的流度控制能力。

二、剖面改善性能

　　多尺度冻胶分散体颗粒为柔性颗粒，可以变形通过孔隙喉道进入地层深部，以滞留、吸附、架桥等形式对高渗透层进行调控，起到改善渗流剖面作用。本研究通过建立不同渗透率级差的双管物理模型模拟地层非均质性，以高渗透管模拟地层高渗透层，低渗透管模拟地层低渗透层，采用分流率和剖面改善率评价多尺度冻胶分散体的储层调控能力。其中剖面改善率计算如式（4-5）：

$$f = \frac{\dfrac{Q_{hb}}{Q_{lb}} - \dfrac{Q_{ha}}{Q_{la}}}{\dfrac{Q_{hb}}{Q_{lb}}} \qquad (4-5)$$

式中　Q_{hb}，Q_{ha}——分别为高渗透层调剖前、后的吸水率，%；

　　　　Q_{lb}，Q_{la}——分别为低渗透层调剖前、后的吸水率，%。

　　实验流程装置如图 4-15 所示，填砂管规格为长 20cm× 直径 2.5cm。实验步骤为：填制不同渗透率级差岩心；以 0.5mL/min 泵速水驱直至压力平稳；以 0.5mL/min 泵速注入 1PV 多尺度冻胶分散体（粒径 2.9μm，注入浓度 0.1%），将填砂管模型在 120℃老化 7d，然后以 0.5mL/min 泵速后续水驱，分别测定高、低渗透管的分流量及注入压力（图 4-16）。其中模拟水矿化度为 21×10^4mg/L，（Na^+：7.4×10^4mg/L；Ca^{2+}&Mg^{2+}：8000mg/L）。

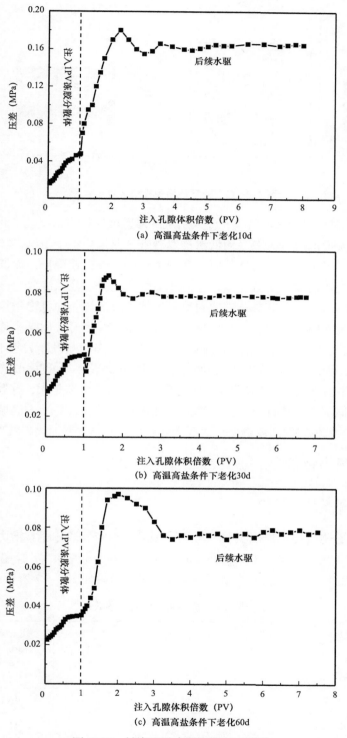

(a) 高温高盐条件下老化10d

(b) 高温高盐条件下老化30d

(c) 高温高盐条件下老化60d

图4-14 封堵及耐冲刷性能实验结果

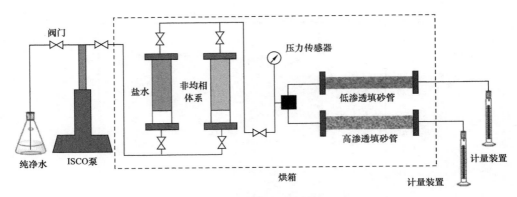

图 4-15　双管驱替物理模拟装置示意图

由图 4-16 可知，初始水驱阶段，注入水从高渗透填砂管开始突破。此时，两组实验中高渗透填砂管分流量均超过 85%，而低渗透填砂管分流量均小于 10%，类似于非均质油藏开发中发生情况。当注入冻胶分散体时，高渗透管分流量迅速降低，而低渗透管分流量迅速升高，且超过高渗透填砂管分流量，注入压力快速上升。注入冻胶分散体过程中，颗粒优选进入高渗透填砂管，对其进行有效封堵，迫使后续流体转向低渗透填砂管，显著提高了波及体积。后续水驱过程中，低渗透填砂管分流量继续上升，而高渗透填砂管分流量继续降低，且压力继续增加。在经过多个 PV 后续水驱后，分流量及压力趋于平衡。最后，实验 a（级差 2.8）剖面改善率为 87.84%，而对于实验 b（级差 4.2）剖面改善率为 92.64%，实验 b 最终注入压力高于实验 a。表明在一定范围内，渗透率级差越大，冻胶分散体剖面改善性能越好。由于储层非均质性越严重，冻胶分散体越容易进入高渗透区域，通过单个颗粒直接封堵或多个颗粒聚并对高渗透层形成有效封堵，起到良好剖面改善效果。

三、驱替潜力评价

（一）岩心驱替效果评价

借助双管岩心驱替物理模拟实验，考察了多尺度冻胶分散体驱替潜力。模拟水矿化度为 $21 \times 10^4 mg/L$，（Na^+：$7.4 \times 10^4 mg/L$；Ca^{2+}&Mg^{2+}：$8000mg/L$），实验温度 120℃；注入粒径 3.1μm，浓度为 0.1%。岩心参数见表 4-2，实验结果如图 4-17 所示。

表 4-2　提高采收率实验参数

实验编号	渗透率（D）	孔隙度（%）	初始含油饱和度（%）	渗透率级差	注入量（PV）	老化时间（d）
a	0.86	32.2	76.4	2.7	0.5	7
	0.32	29.3	75.2		0.5	7
b	1.02	32.7	78.6	4.3	0.5	7
	0.24	28.8	77.5		0.5	7

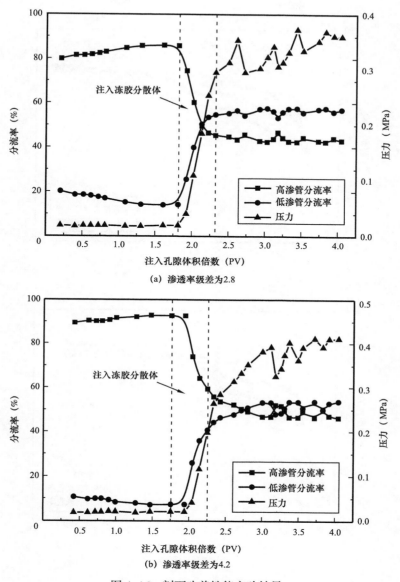

（a）渗透率级差为2.8

（b）渗透率级差为4.2

图4-16 剖面改善性能实验结果

图 4-17 给出了水驱、注入冻胶分散体及后续水驱过程中，高渗透、低渗透填砂管采收率以及总采收率值变化情况。由图 4-17 可知，初始水驱阶段，高渗透填砂管采收率始终高于低渗透填砂管采收率，且高、低渗透率填砂管采收率增值随着渗透率级差增加而增加。当渗透率级差更大时，初始水驱结束后总采收率值更低（实验 a 总采收率 49.1%，实验 b 总采收率 43.8%）。这说明，渗透率级差越大，水驱波及程度越低，剩余油含量越高。随着冻胶分散体段塞的注入，高、低渗透填砂管采收率均有所提高。后续水驱阶段，高渗透填砂管采收率略微上升，低渗透填砂管采收率大幅度上升，随着后续水驱进行，低渗透填砂管采收率值甚至超过高渗透填砂管。说明冻胶分散体主要进入高渗透填砂管，并对

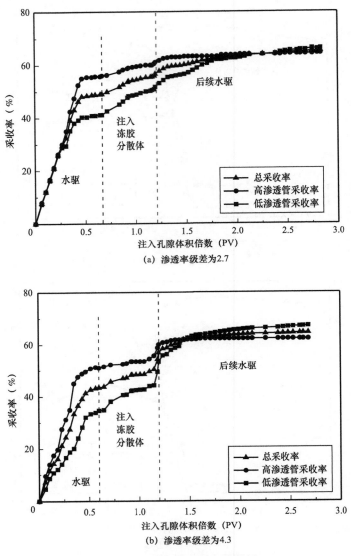

(a) 渗透率级差为2.7

(b) 渗透率级差为4.3

图4-17 提高采收率实验结果

其产生有效调控，后续水驱被转至低渗透区域，大幅度提高后续水驱波及系数，低渗透区域中大量剩余油被动用，进而大幅度提高低渗透区域以及总采收率。实验a最终总采收率为65.3%，实验b最终总采收率为64.6%。此外，实验a和实验b提高采收率值分别为16.2%和20.8%。上述结果表明，在一定范围内，渗透率级差增加，有利于冻胶分散体提高采收率性能发挥。

（二）可视化驱替结果

采用平板夹砂实验模型对多尺度冻胶分散体的驱替潜力进行评价。为便于观察多尺度冻胶分散体在模型中的运移状态和驱替效果，原油采用甲基蓝染色，颜色为红色，冻胶分散体采用茶树酚染色，颜色为深蓝色。其中注入冻胶分散体粒径为 5.6μm，浓度为 0.4%，所使用非均质实验模型如图 4-18 所示，整个实验在室温下进行。实验步骤为：（1）模型饱和水；（2）饱和油；（3）水驱产液含水率达到 98%；（4）注入冻胶分散体；（5）再次水驱至产液含水达到 98%，计算各阶段的采收率增值。

多尺度冻胶分散体可视化驱替实验全过程如图 4-19 所示。

图 4-18　非均质可视化实验模型

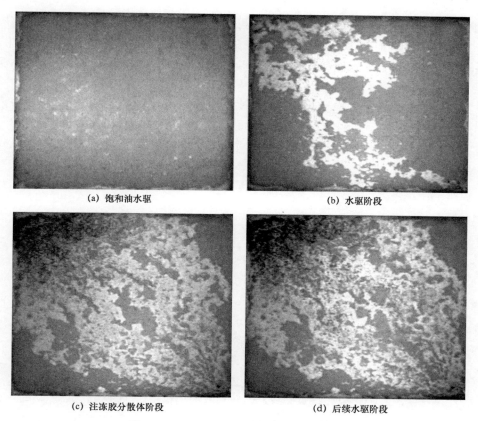

(a) 饱和油水驱　　　　　　　　　(b) 水驱阶段

(c) 注冻胶分散体阶段　　　　　　(d) 后续水驱阶段

图 4-19　冻胶分散体可视化驱替实验结果

图 4-19 直观反映了冻胶分散体调驱过程中所起的作用。由图像分析软件计算水驱采收率为 27%，注入冻胶分散体采收率增值为 46%，后续水驱过程中，采收率增值为 3.3%，提高采收率主要集中在冻胶分散体注入过程中。水驱过程中，注入水将高渗透区域中的剩余油驱出，在注水井与油井之间逐渐形成优势通道，注入水从优势通道突进到油井，使得

采收率有限；当注入多尺度冻胶分散体后，颗粒优先进入高渗透层，由于冻胶分散体为柔性颗粒，可通过变形进入深部，通过单个颗粒封堵、多个架桥封堵对高渗透层形成有效封堵，进而启动中低渗透层，有效调整渗流剖面，将其中剩余油驱出；后续水驱阶段，仍能够提高采收率，但采收率增值有限，尽管冻胶分散体对高渗透层进行了有效封堵，但后续水驱过程中注入水再次绕流突破，使得采收率增值有限。

第四节　多尺度冻胶分散体调驱机理

利用平板夹砂和玻璃刻蚀两种可视化实验模型及岩心扫描电镜实验研究了多尺度冻胶分散体在多孔介质中作用形式、分布形态及对剩余油启动能力，揭示其调驱机理。

一、多尺度冻胶分散体的储层调控形式

采用平板夹砂模型和玻璃刻蚀模型两种可视化模型研究多尺度冻胶分散体的储层调控形式，实验流程如图4-20所示。油藏开发初期，含油饱和度较高，当油藏开发到中后期，地层逐渐形成大孔道，含水饱和度较高，实验设计两种方案研究多尺度冻胶分散体深部调驱机理。

方案一：可视化模型未饱和原油，饱和水后直接注入冻胶分散体，观察冻胶分散体在模型中的作用形式；

方案二：可视化模型饱和原油，水驱后直接注入冻胶分散体，观察冻胶分散体在含油模型中的作用形式。

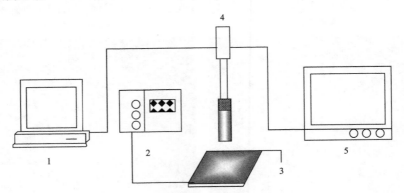

图4-20　可视化模拟实验流程图

1—计算机；2—微量泵；3—物理模型；4—摄像机；5—电视机

（一）平板夹砂可视化模型实验结果

1.饱和水模型条件下可视化实验结果

采用饱和水模型模拟油藏开发后期状态，即油藏中存在高渗流通道，冻胶分散体在饱和水模型条件下分布状态如图4-21所示。由图可知，初始阶段冻胶分散体主要沿高渗透

层分布，随着冻胶分散体注入，逐渐对高渗透层形成有效封堵，此时，后续流体开始转向中低渗透层，压力开始升高，由于冻胶分散体为柔性颗粒，可以变形通过孔隙喉道，进入孔隙喉道后，恢复原有形状，通过形成粒径较大的聚结体及架桥作用实现非均质性地层有效调控。

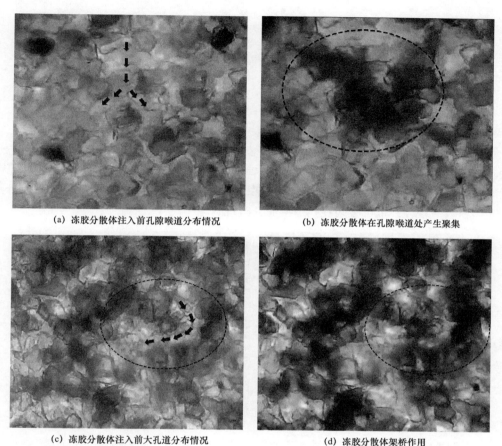

(a) 冻胶分散体注入前孔隙喉道分布情况　　　(b) 冻胶分散体在孔隙喉道处产生聚集

(c) 冻胶分散体注入前大孔道分布情况　　　(d) 冻胶分散体架桥作用

图 4-21　饱和水模型下冻胶分散体的分布特点

2. 含油模型条件下可视化实验结果

采用含油模型模拟油藏开发初期状态，平板夹砂可视化模型结果如图 4-22 所示。由图可知，冻胶分散体主要进入水流通道中，当对高渗水流通道产生封堵时，转向含油层，将其中的剩余油驱出，达到深部调驱效果。

（二）玻璃刻蚀可视化模型实验结果

1. 饱和水模型条件下可视化实验结果

在饱和水条件下，采用玻璃刻蚀模型观察多尺度冻胶分散体在模型中的作用形式。由图 4-23 可知，多尺度冻胶分散体主要通过四种方式对高渗流通道进行调控。多个颗粒滞留在高渗流通道，使后续注入流体转向未被冻胶分散体占据的渗流通道［图 4-23（a）］；对于

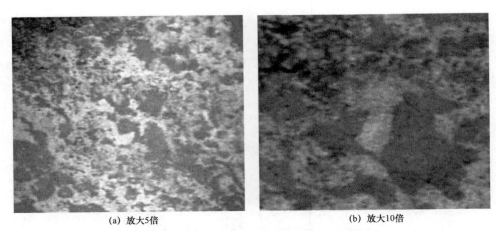

(a) 放大5倍　　　　　　　　　　　　　　(b) 放大10倍

图 4-22　含油平板夹砂模型下冻胶分散体的分布

粒径较大冻胶分散体，则直接占据渗流通道，实现封堵作用［图 4-23（b）］；当孔隙喉道大于冻胶分散体粒径时，多个颗粒之间相互架桥实现封堵［图 4-23（c）］；由于冻胶分散体为比表面积较大颗粒，也可吸附在孔道壁面，实现封堵［图 4-23（d）］。

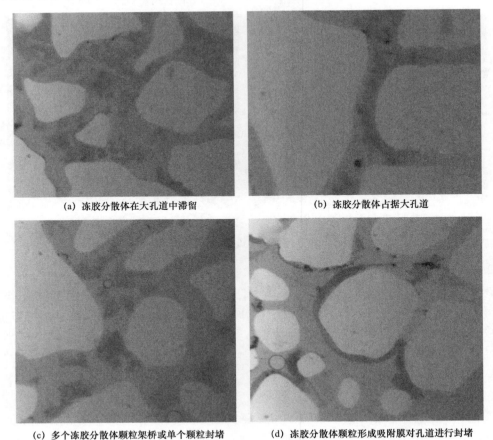

(a) 冻胶分散体在大孔道中滞留　　　　　　　(b) 冻胶分散体占据大孔道

(c) 多个冻胶分散体颗粒架桥或单个颗粒封堵　　　(d) 冻胶分散体颗粒形成吸附膜对孔道进行封堵

图 4-23　饱和水玻璃刻蚀模型下冻胶分散体的调控形式

2. 含油模型条件下可视化实验结果

在饱和油条件下，采用玻璃刻蚀模型测定了冻胶分散体在模型中的分布状态，实验结果如图 4-24 所示。由图可知，在剩余油存在的模型中，冻胶分散体对高渗流通道进行有效调控，迫使后续注入水转向含油饱和度较高中低渗透层，提高注入水波及体积，从而将其中剩余油驱出，提高原油采收率。

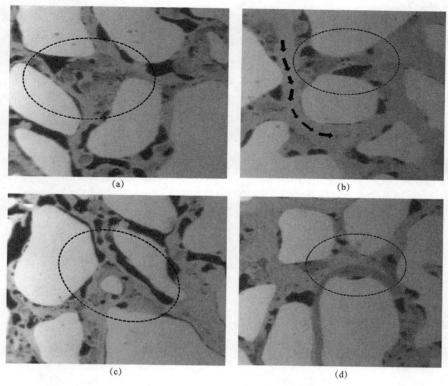

图 4-24　剩余油条件下冻胶分散体的调控形式

为了进一步说明冻胶分散体在岩心中分布状态，40 倍放大条件下，进一步观察多尺度冻胶分散体在油水两相共存时分布状态，实验结果如图 4-25 所示。由图可知，当冻胶分散体进入模型中，对于孔隙喉道半径小于冻胶分散体粒径时，则直接进行封堵 [图 4-25（a）]；对于孔隙喉道半径大于冻胶分散体粒径时，则多个颗粒通过架桥或形成较大聚结体进行封堵 [图 4-25（b）、（c）]，迫使后续注入水转向未波及区域；冻胶分散体也可以通过吸附作用滞留在孔隙喉道中，后续注入水通过绕流，将附着在孔壁表面的剩余油驱出 [图 4-25（d）]；由于冻胶分散体为柔性颗粒，可以变形通过孔隙喉道，当冻胶分散体通过孔隙喉道时，产生的负压作用也会将剩余油驱出 [图 4-25（e）]。

结合以上冻胶分散体在多孔介质中实验结果，图 4-26 刻画了冻胶分散体深部调驱作用机理。由示意图可知，在油藏开发初期，随着持续注水开发，窜流通道形成，导致后续水驱无效循环 [图 4-26（b）]，降低原油采收率。在此阶段向地层中注入冻胶分散体，颗粒通过变形突破向地层深部运移 [图 4-26（d）]，通过直接封堵、架桥封堵、滞留或吸附效应实现对高渗层有效调控，进而启动中低渗层，将其中剩余油驱出［图 4-26（e）］，从而达到提高采收率目的。

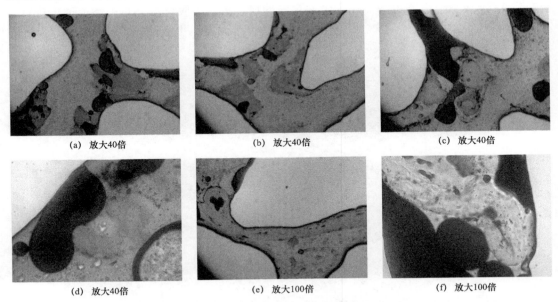

(a) 放大40倍　　　　　　　　(b) 放大40倍　　　　　　　　(c) 放大40倍

(d) 放大40倍　　　　　　　　(e) 放大100倍　　　　　　　　(f) 放大100倍

图 4-25　剩余油条件下冻胶分散体在岩心中的分布状态

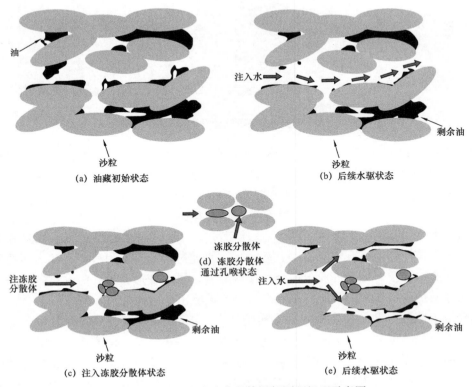

图 4-26　多尺度冻胶分散体深部调驱机理示意图

二、冻胶分散体在多孔介质中作用形式

采用岩心扫描电镜观察多尺度冻胶分散体在多孔介质中作用形式。具体实验步骤为：（1）天然岩心抽提，烘干，测干重；（2）岩心饱和水，测湿重，计算孔隙体积和岩心渗透率；（3）以 0.2mL/min 泵速注入 1PV 冻胶分散体（粒径 2.2μm），90℃静置老化5d；（4）将上述岩心取出置于冻干机中冻干 24h；（5）将冻干后岩心破碎，在岩心中部位置取 1cm×1cm 的碎块，对岩心碎块喷金，置于扫描电镜下观察，实验结果如图 4-27所示。

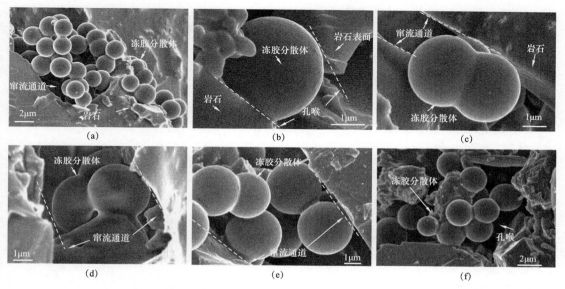

图 4-27　多尺度冻胶分散体在多孔介质中的分布形态[4]

由图 4-27 可知，当多尺度冻胶分散体注入岩心时，冻胶分散体颗粒在注入压力下以直接通过、变形通过的形式进入优势渗流通道。冻胶分散体颗粒在多孔介质中的调控形式主要有四种：直接封堵、架桥封堵、吸附或滞留。冻胶分散体进入岩心后，当孔隙喉道半径小于冻胶分散体粒径时，则直接进行封堵［图 4-27（a）］；当孔隙喉道半径大于冻胶分散体粒径时，则多个颗粒通过架桥或形成较大聚结体进行封堵［图 4-27（b）］，迫使后续注入水转向未波及区域；当孔道过大时，多个冻胶分散体通过堆积形式滞留在孔隙中［图 4-27（c）］；此外，受氢键或色散力影响，冻胶分散体颗粒可以吸附在孔道壁面［图 4-27（d）］，减小孔道的有效渗流半径。通过冻胶分散体直接封堵、架桥封堵、滞留或吸附作用，能够对岩心高渗透部位实现有效调控，迫使后续水驱转向低渗透部位，起到调整渗流剖面作用，有效地改善了岩层非均质性。由于冻胶分散体为柔性颗粒，可以变形通过孔隙喉道，当颗粒通过孔隙喉道时，产生的负压作用也会将剩余油驱出。图 4-27（e）和图 4-27（f）研究进一步表明，单个冻胶分散体颗粒或多个冻胶分散体颗粒架桥对孔道进行封堵时，颗粒与孔壁之间、颗粒与颗粒之间仍有一定间隙，同时由于冻胶分散体和剩余

油表面极性不同，在后续注入压力下，使得剩余油变形通过颗粒与孔壁之间、颗粒与颗粒的间隙，进而提高原油采收率。

第五节　矿场实例

多尺度冻胶分散体深部调驱技术于 2015 年 9 月在长庆油田西峰区块率先开展矿场施工，实现室内研究向矿场应用的重大转变，开启了多尺度冻胶分散体矿场应用的新篇章。截至 2020 年 3 月，多尺度冻胶分散体深部调驱技术先后在长庆、塔河、胜利、渤海、中原、河南、大庆、吉林、新疆、浙江、冀东等国内 17 个油田及海外油田主力区块累计施工超 1000 余井次，取得了良好的降水增油效果，为推动本技术的产业化奠定了良好基础。本节以长庆油田、胜利油田和西北油田为例说明多尺度冻胶分散体的矿场应用效果。

一、长庆油田——特低渗透微裂缝发育井组

（一）试验区地质概况

白马中区位于鄂尔多斯盆地西南角，属于西峰油田主力区块，开发层系长 8，动用含油面积 $66.60km^2$，动用地质储量 3467.11×10^4t，动用可采储量 728.09×10^4t，目前日产油水平 937t，占西峰油田产量的 36.1%。主力油藏长 8 沉积相为三角洲前缘亚相，埋深 1950～2300m，平均 2120m，平均有效厚度 15.8m，平均孔隙度 10.5%，储层孔隙度发育中等，原始地层压力 18.1MPa，平均渗透率 2.72mD，属特低渗透储层。该区块具有孔喉半径小（1.63μm），中值半径小（0.21μm），排驱压力高（0.62MPa）的特点。

（二）试验区开发现状

1. 采出程度提高，含水上升加快

白马中区采出程度高（18.29%），含水上升速度快，2015 年含水上升主要分布在西 33-17、西 23、西 30-35、西 17、西 13 单元，其中西 13、西 33-17、西 23 单元采出程度均大于 18.0%（图 4-28、图 4-29）。

2. 储层非均质性强，微裂缝发育，平面上表现为油井多向性见水

白马中区属于三叠系微裂缝油藏，单元裂缝密度较高，储层突进系数大（表 4-3），见水周期短（765d），含水上升速度快，目前单井综合含水均大于 55%。

3. 剩余油饱和度较高，具有一定的挖掘潜力

对比图显示：目前剩余油储量分布与含油饱和度相关性较大，水驱前缘到达的地方，含水饱和度较高，剩余油分布较少，局部水驱没有波及控制到的地方剩余油储量较高，仍具有较大挖掘潜力，如图 4-30 所示。

4. 见水方向相对明确，调驱具有一定潜力

采用示踪剂与动态分析相互验证方法，分析了区块井组的注采关系，井组见水相对明确（图 4-31），为下一步井组调驱工作奠定了良好基础。

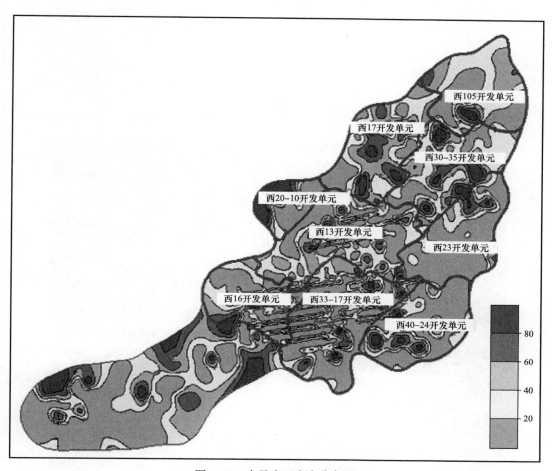

图 4-28　白马中区含水分布图

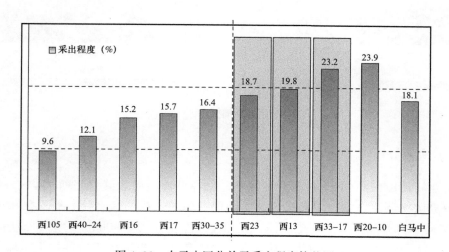

图 4-29　白马中区分单元采出程度柱状图

表 4-3　储层突进系数及级差

数值	突进系数	级差
最小值	1.7	2.5
最大值	21.1	1082.5
平均	6.8	190.3

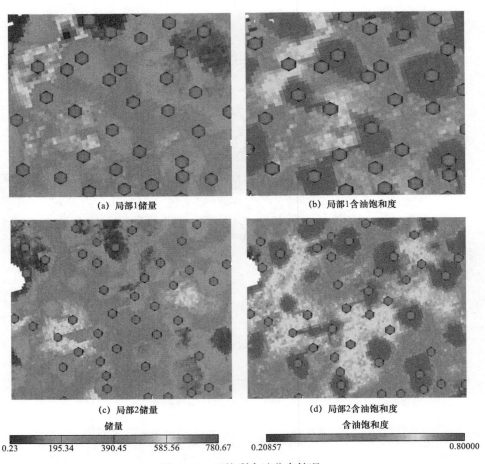

(a) 局部1储量

(b) 局部1含油饱和度

(c) 局部2储量

储量

0.23　195.34　390.45　585.56　780.67

(d) 局部2含油饱和度

含油饱和度

0.20857　　　　　　　　　0.80000

图 4-30　区块剩余油分布情况

（三）冻胶分散体调驱技术现场施工

基于西峰油田白马中西 13 区开发现状，选择低渗透微裂缝井组西 27-14、西 27-16 开展冻胶分散体调驱技术先导试验。施工前两井组属于高压注水井，提压空间小。两井组于 2015 年 9 月开始注入冻胶分散体，累计注入冻胶分散体 3000m³，截至 2016 年 7 月，累计增油 1439.7t，持续有效中，见表 4-4。2016 年进一步选择三口井扩大试验，试验 5

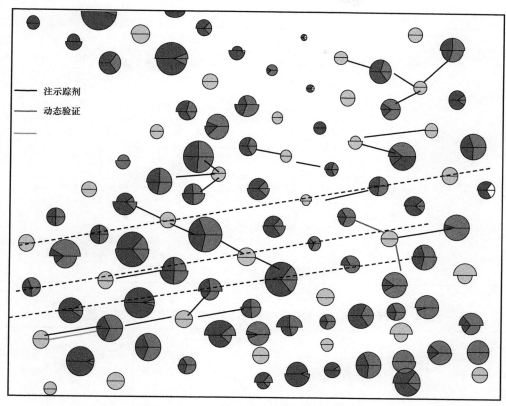

图 4-31　白马中西 13 区油井见水方向示意图

口井调前注水压力 21.4MPa，调后压力平均上升 0.6MPa，目前均能达到配注，有效缓解了注水井组高压欠注难题。施工井组对应 31 口井中见效 13 口，见效率 41.9%，2016 年底日增油 9.0t，平均单井日增油 1.8t，累计增油 2213t，平均有效期 428d，见表 4-5。

表 4-4　西 27-14、西 27-16 井组措施前后生产数据对比

井号	施工日期	对应油井	措施前			目前生产情况			含水下降（%）	日增油（t）	累计增油（t）
			日产液（m³）	日产油（t）	含水（%）	日产液（m³）	日产油（t）	含水（%）			
西 27-14	2015.9.8—10.27	西 27-15	3.85	1	69.3	3.84	1.17	64.3	-5	0.17	80.4
		西 28-15	13.09	5.4	51.5	12.02	4.06	60.3	8.8	0	19.76
		西 26-12	4.49	0.97	74.7	2.7	1.02	55.5	-19.2	0.05	18.27
		西 26-13	2.99	2.05	19.2	5.22	3.51	20.8	1.6	1.46	196.53
		西 26-14	6.21	0.99	81.3	10.54	2.81	68.6	-12.7	1.82	352.13
		西 27-13	11.05	6.71	28.6	10.56	6.93	22.8	-5.8	0.22	130.94
		西 28-14	4.9	1.4	66.2	10.22	2.78	68	1.8	1.38	101.83

续表

井号	施工日期	对应油井	措施前			目前生产情况			含水下降（%）	日增油（t）	累计增油（t）
			日产液（m³）	日产油（t）	含水（%）	日产液（m³）	日产油（t）	含水（%）			
西27-16	2015.9.10—11.9	西26-14	7.62	1.3	80	10.54	2.81	68.6	-11.4	1.51	263.73
		西26-16	5.73	1.16	76.1	7.47	1.78	72	-4.1	0.62	48.85
		西27-15	3.8	1.02	68.3	3.84	1.17	64.3	-4	0.15	72.34
		西26-15	5.57	2.1	55.6	4.32	1.48	59.6	4	0	5.28
		西27-17	4.77	1.78	56.1	5.02	1.95	54.2	-1.9	0.17	46.95
		西28-17	6.57	3.8	32	6.35	3.98	26.2	-5.8	0.18	102.65
总计			80.6	29.7	56.2	92.6	35.5	54.4	-1.7	7.7	1439.7

表4-5 西33-16、西30-33、西32-35井组措施前后生产数据对比

时间	井组	施工日期	调前		调后		对应油井（口）	见效油井（口）	调后日增油（t）	2016年底日增油（t）	累计增油（t）	有效期（d）
			井口压力（MPa）	注入量（m³）	井口压力（MPa）	注入量（m³）						
2015年	西27-16	9.10	21.2	17	21.7	17	5	2	2.5	1.5	650	426
	西27-14	9.02	22	15	22.5	15	6	2	2.2	1.1	658	431
2016年	西33-16	10.20	21.3	26	21.8	26	6	3	2	2.1	173	
	西30-33	5.27	20.9	24	21.4	24	7	3	1.8	2	212	
	西32-35	5.27	21.8	15	22.4	15	7	3	2.9	2.3	520	
合计/平均	5		21.4	19	22.0	19	31	13	11.4	9.0	2213	428

二、胜利油田——高温低渗透井组

自2016年，胜利油田东胜精攻石油开发公司、石油开发中心、临盘采油厂、鲁明、孤岛采油厂、现河采油厂等先后实施了多尺度冻胶分散体深部调驱矿场试验，取得了良好降水增油效果。本节以孤岛采油厂为例，介绍多尺度冻胶分散体在胜利油田高温低渗透油藏的应用情况。

（一）试验区概况

1. 油藏地质概况

垦 95 区块位于垦利油田老区东部，是一个位于垦利断层下降盘的窄条带形断块油藏，主力含油层系 Es1—Es3Z 段，共 33 个含油小层，纵向跨度大。1993 年和 2007 年共上报叠合含油面积 1.62km^2，地质储量 450.45×10^4。具有以下明显特征：

（1）断层夹持狭长断块，地层倾角达 2°～31°；

（2）半开启断块，含油井段长（Es1 段 280m），天然能量不充足；

（3）纵向小层多，含油小层数 33 个；

（4）Es1—Es2S 为中渗透层，Es2X—Es3Z 为低渗透层。

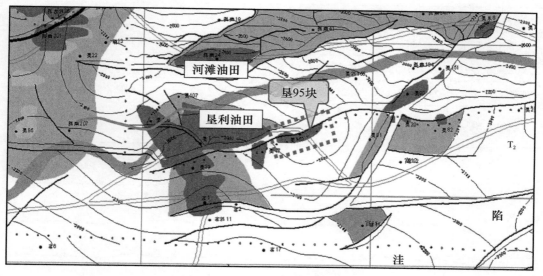

图 4-32　垦 95 块区块勘探部署图

2. 储层特征

垦 95 油区产油层体多为孤立体，周围为断层或岩性边界所圈闭，并且没有边水供给，使之处于封闭或半封闭状态。由于油层中含水量较大，在开采过程中流体流动多为油、水两相流动，油相渗透率低。垦 95 区块油藏类型为中—低孔，中—低渗透，低饱和压力稀油断块油藏，具体的油藏特点见表 4-6。

3. 开发生产现状

垦 95 块于 1991 年 7 月投入开发，1993 年 1 月转注水开发，注水受效不明显，于 1999 年 4 月停注，2008 年滚动扩边发现 Es2-2—Es3-2 储量，2009 年 10 月恢复注水，目前处于精细注采调整阶段，结果如图 4-33 所示。

垦 95 块开油井 14 口，日产油水平 31t，综合含水 89.3%，开注水井 5 口，日注水平 193m^3，注采比 0.7，目前采出程度仅为 14.5%，仍具有较高开采潜力。

表 4-6　垦 95 区块物性参数表

项目	数据	项目	数据	项目	数据
投产时间	1991/7	胶结方式	基底式、孔隙—基底胶结	地面黏度（mPa·s）	13
注水时间	1993/1			地下黏度（mPa·s）	2.96
含油面积（km²）	1.62	泥质含量（%）	9~12	地面密度（g/cm³）	0.875
有效厚度（m）	27.9	渗透率（mD）	14~66.3	地下密度（g/cm³）	0.867
地质储量（10⁴t）	450.45	孔隙度（%）	19.3	水型	NaHCO₃
动用储量（10⁴t）	450.45	含油饱和度（%）	66.3	总矿化度（g/cm³）	5945
可采储量（10⁴）	61	岩石润湿性	亲水	油水黏度比	—
采收率（%）	13.5	原始地层压力（MPa）	21.59	原油凝固点	28-35
地层倾角（°）	2-31	饱和地层压力（MPa）	2.9	含硫量（%）	0.66
埋藏深度（m）	2309~3251	原始气油比（m³/t）	22.8	含蜡量（%）	20.7
沉积类型	三角洲—河流相	地层温度	95		

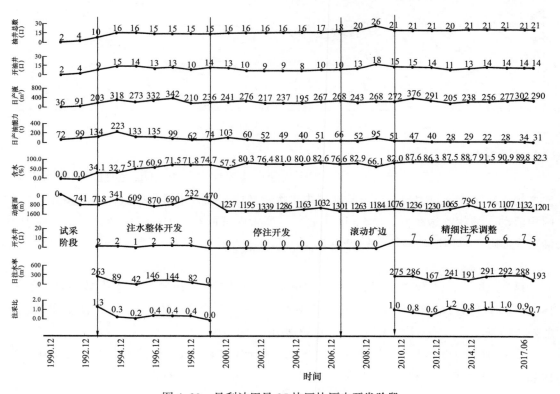

图 4-33　垦利油田垦 95 块区块历史开发阶段

（二）措施井组生产情况

基于垦 95 区块开发现状，选择垦 KLK95X26 井组开展多尺度冻胶分散体深部调驱技术，改善储层的非均质性，进一步挖潜主力层剩余油。

1. 注水井油层及射孔情况

注水井 KLK95X26 井油层及射孔情况见表 4-7。

表 4-7　KLK95X26 井油层及射孔数据

油（气）层	小层号	解释序号	油层顶深（m）	油层厚度（m）	ϕ（%）	K（mD）	含水饱和度（%）	测井解释结果
ES3Z	18	38	3496.6	2.2	14.58	6.49	54.17	上油水同层下含油水层
ES3Z	20	39	3540.1	16.9	12.75	65.836	65.83	上油水同层下含油水层

2. 注水动态

注水井 KLK95X26 井目前注水动态见表 4-8。注水井 KLK95X26 井目前注水动态如图 4-34 所示，提压空间有限。

表 4-8　KLK95X26 井目前注水动态（2016/10/27）

注水井	注水方式	层位	泵压（MPa）	油压（MPa）	套压（MPa）	注水量（m³/d）
KLK95X26	常压笼统正注	ES3Z（18）—ES3Z（20）	18.4	18.2	11	15/16

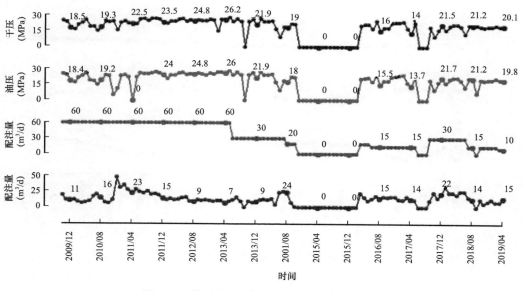

图 4-34　注水井 KLK95X26 井目前注水动态

3. 对应油井生产情况

KLK95X26 井组目前有两口油井 KLK95X25 和 KLK95X28 开井生产，对应井组主力层厚度大，单层突进严重，单井提液难度较大。两油井生产情况见表 4-9，如图 4-35 和图 4-36 所示。

表 4-9　KLK95X26 井组 2016 年 10 月对应油井生产情况

井号	生产层位	日产液量（t）	日产油量（t）	日产水（t）	含水（%）	井距（m）
KLK95X28	ES3Z	7.2	0.6	6.6	92.3	201.1
KLK95X25	ES3Z	3.2	1	2.2	67.7	226.4

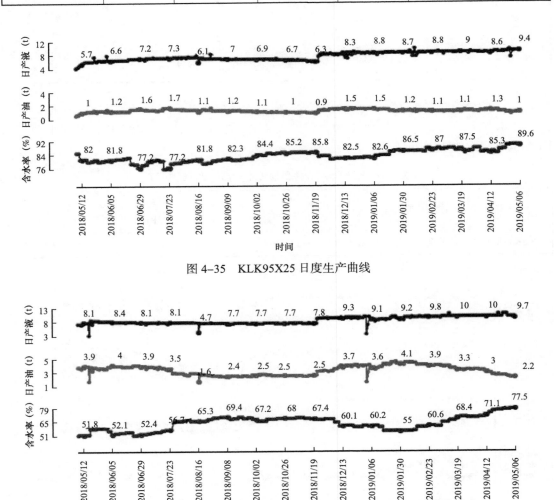

图 4-35　KLK95X25 日度生产曲线

图 4-36　KLK95X28 日度生产曲线

（三）冻胶分散体深部调驱技术现场施工

KLK95X26 井组于 2019 年 8 月 20 日开始施工，2019 年 10 月 8 日施工结束，累计注入冻胶分散体 2200m³。施工后对应油井的采油曲线如图 4-37、图 4-38 所示。施工结束后井组最大降水 17.7%，截至 2020 年 8 月 10 日累计净增油 1280t，有效期超 300d，并持续有效中。

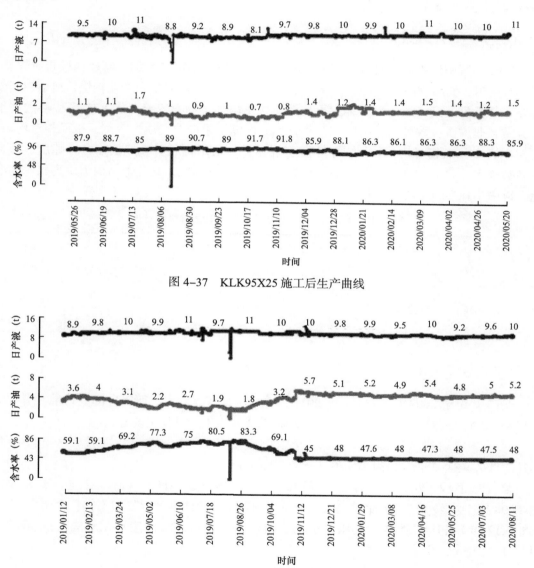

图 4-37 KLK95X25 施工后生产曲线

图 4-38 KLK95X28 施工后日度生产曲线

三、西北油田——高温高盐油藏

针对 YT2 区块前期注入水窜进造成水驱效率降低问题，通过注入冻胶分散体，调整注水井组驱替剖面，抑制注水优势通道的水窜，提高欠发育储层的水驱波及体积，达到提升注水效率和增加原油采收率目的。

YT2井组油层属于中孔中渗透砂岩，是一个水驱开发油藏，油层有效厚度薄（平均3~10m），具有明显平面非均质性以及层间、层内非均质性，采出程度相对较低（13.3%），井间大量剩余油滞留，具有明确的调驱作业潜力。因此，试验选择YT2井组开展冻胶分散体深部调驱技术先导试验。

（一）YT2井区储层特征分析

YT2井区中油组储层具有上细下粗的正韵律特征，上部岩性细，储层物性相对较差，下部粒度粗，储层物性好。YT2井纵向非均质性比较强。横向分布变化较快，河道中间砂体厚，物性好，到河道边部砂体尖灭，泥质含量增加，物性变差。从YT2区块渗透率平面分布、非均质参数可以看出，YT2井组T_2a_3段储层垂向非均质性较强，平面相对均匀。储层中大小孔喉相对均匀，但以中小孔喉为主，储层结构相对较好。结合孔隙度、渗透率参数来看（表4-10），按砂岩储层孔隙结构分类评价标准，其孔隙结构为中高孔、高渗透、以中小孔喉为主的储层类型。

表4-10 YT2井 T_2a_3 储层物性与非均质参数统计表

层号	层位	孔隙度（%）	渗透率（mD）	非均质参数				变异程度
				方向	级差	突进系数	变异系数	
T2	中油组	24.4	449.5	垂向	3828	4.76	0.74	严重
				横向	7.8	2.4	0.65	较均匀

（二）注采关系分析

YT2井组于2008年5月转注，2011年4月7日恢复注水，所对应的三口油井分别为YT2-5H、YT2-9H、YT2-25H（图4-39）。YT2井组生产过程主要分为两个阶段：

采油生产阶段（2006年7月1日至2008年2月28日、2009年11月8日至2010年1月3日），累计产液21434.2t，累计产油20244.42t；

转注阶段（2008年5月8日至2009年6月8日，2011年4月7日至今），YT2井2008年5月转注，累计注水34146m³后停注。2011年4月7日恢复注水，目前（2016.12.24）油压5.5MPa，套压5.5MPa，日注水量35m³，阶段注水67045m³，全井累计注水101191m³，注采比0.37。

（三）流体性质分析

2009年2月28日取注水样分析，Ca^{2+}：12195.06mg/L，K^++Na^+：69965.17mg/L，Cl^-：133280.66mg/L，SO_4^{2-}：150mg/L，I^-：4mg/L，Br^-：160mg/L，总矿化度：217156.61mg/L，水型：氯化钙；水的密度：1.1460g/cm³，具体组成见表4-11。

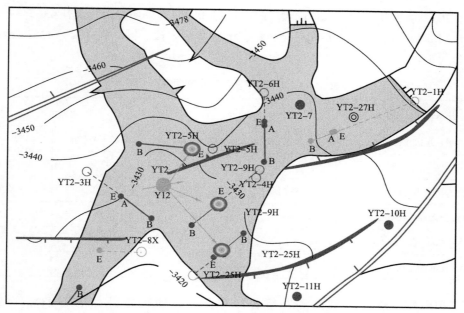

图 4-39　YT2 注采井组注采对应关系

表 4-11　储层流体特征

离子类型	$K^+ + Na^+$	Ca^{2+}	Cl^-	SO_4^{2-}
离子含量（mg/L）	69964.17	12194.06	133280.66	150
总矿化度（mg/L）	217156.61			
水型	氯化钙			

（四）吸水剖面测试

（1）2011 年 7 月注入剖面测井解释结果显示，YT2 井目前主吸入层仍为 4365～4367m，通过吸水剖面证实该层未封堵成功，而射孔层 4372～4374m 吸入能力差（表 4-12）。

表 4-12　2011 年 7 月吸水剖面解释成果

注入量（m³/h）	48m³/d		120m³/d	
吸入层段（m）	4365～4367m	4372～4374m	4365～4367m	4372～4374m
注入层温度（℃）	97.5～98.5	98.5	97.7～98.5	98.5
注入层压力（MPa）	39.7	39.8	46.8	46.9
吸水量（m³/d）	44.7	4.1	72.7	21.3
比吸水指数［m³/（d·MPa）］	1.13	0.1	1.55	0.45

（2）2012年9月注入井剖面测井解释结果显示，明确目前有4365～4367m和4372～4374m两个吸水段，其中4365～4367m为主吸入段，同时4348.5～4351.5m井段可能存在套漏（表4-13）。

表4-13　2012年9月吸水剖面解释结果

注入量（m³/h）	80m³/d		40m³/d	
吸入层段（m）	4365～4367m	4372～4374m	4365～4367m	4372～4374m
注入层温度（℃）	96.11	97.10	97.10	97.15
注入层压力（MPa）	56.21	56.30	52.27	52.32
分层注入量（10m³/h）	66	14	28	12
视吸水指数［m³/（d·MPa）］	1.17	0.25	0.53	0.21
分层注入相对量（%）	82.5	17.5	70	30

（3）2013年5月注入剖面测井解释结果显示，明确本井目前有4365～4367m和4372～4374m两个吸水段，其中4365～4367m为主吸入段，探底深度为4374.0m（表4-14）。

表4-14　2013年5月吸水剖面解释成果

注入量（m³/h）	120m³/d		45m³/d	
吸入层段（m）	4365～4367m	4372～4374m	4365～4367m	4372～4374m
注入层温度（℃）	97.7	98.4	97.9	98.7
流压（MPa）	46.8	46.9	52.1	52.2
分层注入量（10m³/h）	85	24	29	16
视吸水指数［m³/（d·MPa）］	1.81	0.51	0.56	0.31
分层注入相对量（%）	78	22	64.4	35.6

（4）2015年11月注入剖面测井解释结果显示，明确本井目前有4365～4367m和4372～4374m两个吸水段，其中4365～4367m为主吸入段（表4-15）。

表4-15　2015年11月吸水剖面测井解释成果表

序号	地层	吸水层段（m）	有效厚度（m）	注入面积（m²）	相对注入量（%）	绝对注入量（m³/d）	注入强度［m³/（d·MPa）］
1	T₂a	4365.1～4367.1	2.0	1315.49	70.64	30.09	27.36
2		4371.7～4374	2.3	546.72	29.36	12.51	11.37
合计			4.3	1862.21	100	42.6	—

（5）2016年10月YT2井设计监测4365.01～4367.01m；4372～4374m两个射孔层段的吸水情况，由于测井在4368.7m处遇阻，未能取全和4372～4374m有关的流量资料，对4372～4374m进层流量无法计算，导致无法定量分析此层具体吸水量。

（五）优势通道识别

根据优势通道识别与描述方法，采用测井曲线、示踪剂响应曲线、无量纲图版判断对YT2井组水窜优势通道进行了判别。

1. 测井曲线判断优势通道存在性

YT2-5H井、YT2-9H测井曲线中SP（自然电位曲线）发生明显偏移且AC（声波时差曲线）增大，判断这两口井存在水淹层，如图4-40所示。

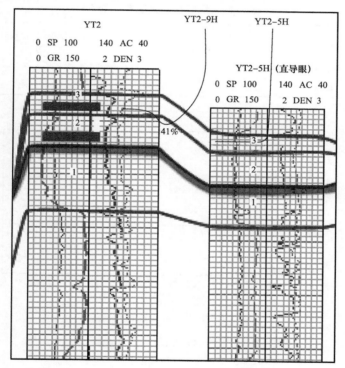

图4-40　YT2-5H井、YT2-9H测井曲线图

2. 示踪剂响应曲线判断横向优势通道

YT2-5H井监测到了示踪剂响应（表4-16、表4-17、图4-41），表明YT2井与YT2-5H井井间动态连通关系明确，YT2-3、YT2-6H井未监测到示踪剂产出，认为这两口井与YT2井连通关系差；YT2-9H井因长期低含水而无法取得监测数据，无法判断。初步确定优势通道存在于YT2井与YT2-5H井之间。

由示踪剂曲线形状——不完整的波形图可知，YT2井与YT2-5H井之间存在优势流动通道为裂缝型优势通道。

表 4-16　YT2 井组示踪剂响应表

注示踪剂井	施工日期	注入示踪剂名称	监测油井	监测响应情况
YT2	2011/11/2—2012/3/1	BY-3	YT2-3H	○
			YT2-5H	△
			YT2-9H	○
			YT2-6H	○

注："△"表示监测到示踪剂明显响应，"○"表示未监测到示踪剂响应

表 4-17　示踪剂产出基本情况表

注水井	油井	井距（m）	峰值浓度（cd）	初见示踪剂时间（d）	见示踪剂峰值时间（d）	水线推进速度（m/d）
YT2	YT2-5H	285	72.4	61	72	4.67

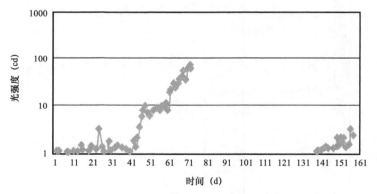

图 4-41　YT2-5H 示踪监测图

共监测 160d，修井 44d、关井 21d，导致曲线不完整

（六）冻胶分散体深部调驱先导试验

依据等压降逐级深部调驱理念，动态调整注入不同粒径的冻胶分散体。2017 年 6 月开始实施第一轮次冻胶分散体深部调驱作业，共计注入冻胶分散体 6326m²，弱冻胶保护段塞 300m²。第一轮次于 2017 年 10 月开始见效，累计增油 3773t，结果如图 4-42 所示。2018 年 6 月开展第二轮次冻胶分散体调驱作业，共计注入冻胶分散体 7200m²，弱冻胶保护段塞 300m²。第二轮次增油 4778t，结果如图 4-43 所示，两轮次累计增油 8551t，目前仍有效中，达到了良好的降水增油效果。

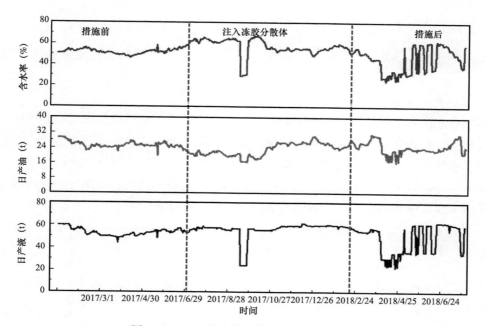

图4-42　YT2注水井组第一轮次生产曲线

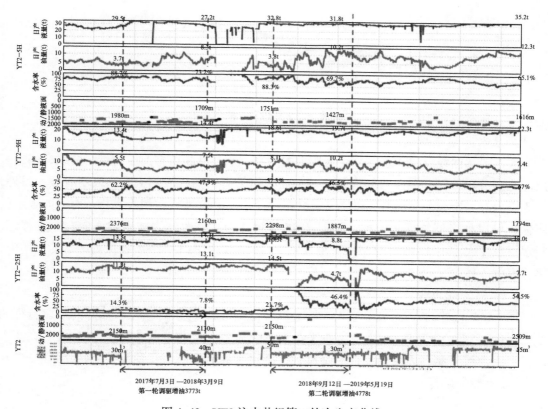

图4-43　YT2注水井组第二轮次生产曲线

（七）矿场效果评价

采用注水井霍尔曲线注水井指示曲线和水驱特征曲线评价了冻胶分散体深部调驱效果。

1. 注水井霍尔曲线

对注水井注入不同流体，在霍尔曲线上会反映出不同的直线段，用曲线分段回归出各直线段斜率，该斜率体现了各注入期的渗流阻力变化。通过比较早期注水阶段、注入调驱剂阶段、后续水驱阶段霍尔曲线斜率的变化，可评价冻胶分散体调驱效果。

图上 4-44 给出了 YT2 井组注入冻胶分散体前后的霍尔曲线。由图可知，冻胶分散体注入之后，霍尔曲线斜率上升，表明增油效果较好，持续有效中。

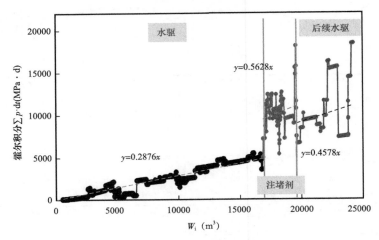

图 4-44　YT2 井组霍尔曲线评价

2. 注水井指示曲线

注水指示曲线反映注水量和注入压力的关系，通过判断措施前后的指示曲线，确定多尺度冻胶分散体调驱效果是否有效。如果注入压力有不同程度的上升，表明有效。另外，注入压力有一定程度的抬升，可以从单井平均压力上升来考虑；视吸水指数有不同程度的降低，可以从降低幅度来考虑，如图 4-45 所示。冻胶分散体措施后曲线向右上方移动，吸水指数变大［由 $3.4m^3/(d \cdot MPa)$ 增大到 $13.7m^3/(d \cdot MPa)$］，表明地层的吸水能力增强，措施有效。

3. 水驱特征曲线

图 4-46 至图 4-48 给出了注入冻胶分散体之后 YT2 井组对应三口油井的水驱特征曲线。由图可知，YT2-5H 井措施后曲线斜率下降显著，而 YT2-9H 和 YT2-25H 井在注入阶段斜率继续升高，表明随着产油量累积，产水量逐渐降低，开发效果变好，其中 YT2-5H 井效果最为显著。

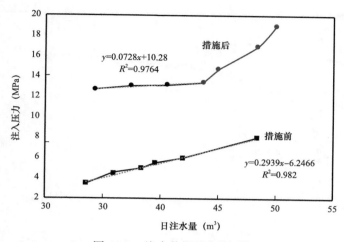

图 4-45　注水井指示曲线评价

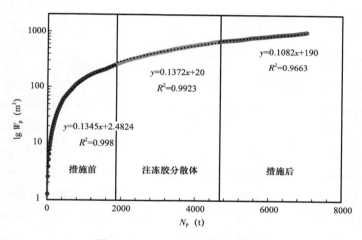

图 4-46　YT2-5H 水驱特征曲线

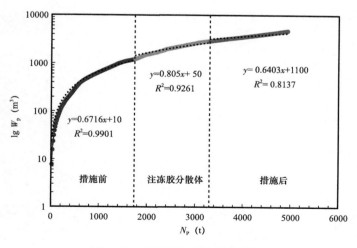

图 4-47　YT2-9H 水驱特征曲线

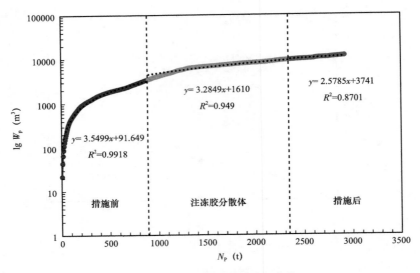

图 4-48　YT2-25H 水驱特征曲线

参 考 文 献

［1］赵光.软体非均相复合驱油体系构筑及驱替机理研究［D］.青岛：中国石油大学，2016，40-46.

［2］戴彩丽，邹辰伟，刘逸飞，等.弹性冻胶分散体与孔喉匹配规律及深部调控机理［J］.石油学报，2018，39（4）：427-434.

［3］Dai C, Liu Y, Zou C, et al.Investigation on Matching Relationship between Dispersed Particle Gel（DPG）and Reservoir Pore-Throats for In-Depth Profile Control［J］.Fuel，2017，207: 109-120.

［4］Zhao G, You Q, Tao J, et al.Preparation and Application of a Novel Phenolic Resin Dispersed Particle Gel for In-Depth Profile Control in Low Permeability Reservoirs［J］.Journal of Petroleum Science and Engineering，2018，161，703-714.

第五章　冻胶分散体软体非均相复合驱替技术

鉴于中高温中高盐油藏温度高、矿化度高、地层绝对非均质的复杂油藏条件，常规油藏发展的化学驱、聚表二元复合驱、聚表碱三元复合驱、气驱技术等提高采收率技术难以满足中高温中高盐油藏开采需要，基于自主研发的多尺度冻胶分散体和耐温抗盐表面活性剂构筑了冻胶分散体软体非均相复合驱替体系，创建了具有微观调控同时兼顾驱油效率的冻胶分散体软体非均相复合驱替技术。

第一节　冻胶分散体软体非均相复合体系构筑

以驱替体系的配伍性、黏度和界面张力为评价指标，构筑了适合中高温中高盐油藏的冻胶分散体软体非均相复合驱替体系。实验所用模拟水矿化度为 $5.0 \times 10^4 mg/L$，Ca^{2+}、Mg^{2+} 含量为 3000mg/L，模拟油：新疆油田某区块原油，90℃黏度 7.8mPa·s。

一、配伍性研究

在本实验室前期研究基础上，考虑到磺基甜菜碱耐温抗盐性能[1-2]，故本研究采用烷基羟磺基甜菜碱 THSB 与多尺度冻胶分散体构筑软体非均相复合驱替体系。室温下将 THSB 加入冻胶分散体溶液中，搅拌均匀制得软体非均相复合驱替体系，观察是否有沉淀、絮凝生成。实验结果见表 5-1 和图 5-1。可知，30℃、90℃条件下冻胶分散体与 THSB 无沉淀絮凝生成，表明冻胶分散体与表面活性剂具有良好配伍性。

表 5-1　冻胶分散体与表面活性剂的配伍性考察

配方组成		30℃		90℃	
THSB（%）	冻胶分散体（%）	5h	24h	2d	5d
0.3	0.6	无沉淀、无絮凝	无沉淀、无絮凝	无沉淀、无絮凝	无沉淀、无絮凝
0.3	1.0	无沉淀、无絮凝	无沉淀、无絮凝	无沉淀、无絮凝	无沉淀、无絮凝
0.3	1.6	无沉淀、无絮凝	无沉淀、无絮凝	无沉淀、无絮凝	无沉淀、无絮凝

（a）5h   （b）2d   （c）5d

图 5-1　冻胶分散体软体非均相复合体系配伍性考察结果（0.3%THSB+0.15 冻胶分散体）

二、降低界面张力能力

（一）表面活性剂浓度影响

固定冻胶分散体浓度为 0.1%，改变表面活性剂浓度 0.01%~0.5%，分别测定了单一表面活性剂、软体非均相复合驱替体系降低油水界面张力能力，实验结果如图 5-2 所示。

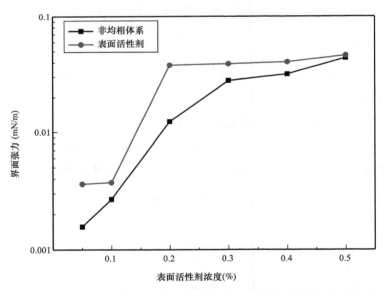

图 5-2　单一表面活性剂与软体非均相复合驱替体系降低界面张力能力

由图 5-2 可知，两种体系降低油水界面张力的变化情况基本一致。在低浓度（0.01%~0.1%）范围内，油水界面张力随着表面活性剂浓度升高而增大；当表面活性剂浓度超过 0.1% 时，油水界面张力有所增加，达到 10^{-2} mN/m。由于表面活性剂加入，界面相的表面活性剂分子位能低于溶液相，形成了化学位差，导致表面活性剂分子亲水基朝向水溶液，亲油基朝向油相，由溶液相向油水界面相传递，活性分子在油水界面富集形成单分子吸附膜，形成定向排列，使界面张力降低；当表面活性剂浓度进一步增加时，油水界面被活性表面活性剂分子占满，表面已不能容纳更多的分子。此时，表面活性剂分子在油水界面吸附和解吸附达到动态平衡[3-4]。因此，油水界面张力基本不再发生改变。当表面活性剂浓度进一步增加时，达到临界胶束浓度，减少了表面活性剂吸附分子在油水界面层的吸附位，进而导致界面张力有所上升。图5-2进一步表明当表面活性剂体系中存在冻胶分散体时，油水界面张力略微增加。由于软体非均相复合驱替体系为黏弹性体系，影响表面活性剂分子在溶液中传递和在界面吸附，降低了表面活性剂分子在油水界面扩散速度。另外，冻胶分散体在油水界面吸附占据了油水界面吸附位，也会使得非均相复合驱替体系降低油水界面张力能力有所降低。

（二）冻胶分散体浓度的影响

固定表面活性剂浓度为0.05%，分别加入不同浓度冻胶分散体，90℃条件下测定软体非均相复合驱替体系动态界面张力，实验结果如图5-3所示。

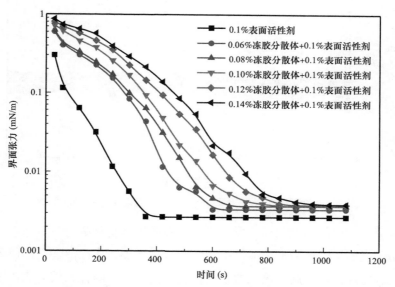

图5-3 冻胶分散体浓度对软体非均相复合驱替体系动态界面张力的影响

由图5-3可知，软体非均相复合驱替体系降低油水界面张力能力随着冻胶分散体浓度增大而降低，最终稳定在（3～7）×10⁻³mN/m之间。实验中软体非均相复合驱替体系达到动态稳定平衡界面张力时间高于单一表面活性剂达到动态稳定平衡界面张力时间。冻胶分散体浓度越高，非均相复合驱替体系达到动态稳定平衡界面张力时间越长，但最终稳定界面张力基本一致，表明冻胶分散体加入延长了复合驱替体系达到动态平衡界面张力时间，而对降低油水界面张力影响不大。当冻胶分散体浓度较低时，表面活性剂分子易于扩散到油水界面。当冻胶分散体浓度进一步增加时，复合驱替体系的黏度也随之增加，降低了表面活性剂活性分子在液相内部传递和界面扩散速度，进而延长了活性分子在界面吸附平衡时间。由于软体非均相复合驱替体系在多孔介质中流动是相对缓慢过程，能够保证表面活性剂分子吸附到油水界面，并降低界面张力，达到提高洗油效率目的。

三、黏度特征

（一）表面活性剂浓度影响

在浓度 0.1% 冻胶分散体溶液中加入不同浓度 THSB，考察表面活性剂对软体非均相复合驱替体系黏度影响，测试温度 30℃，结果如图 5-4 所示。

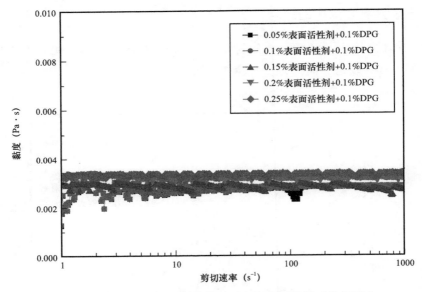

图 5-4　表面活性剂浓度对软体非均相复合驱替体系黏度影响

由图 5-4 可知，表面活性剂加入能够略微提高软体非均相复合驱替体系黏度，但改变幅度不大。由于表面活性剂为稀溶液体系，随着浓度增加，表面活性剂形成胶束，增加了溶液结构黏度。此外，受氢键、色散力影响，表面活性剂吸附在冻胶分散体颗粒表面，增加了颗粒半径，使颗粒之间相互接触碰撞概率加大。因此，非均相复合驱替体系黏度略微增加。

（二）冻胶分散体浓度影响

固定表面活性剂浓度为 0.1%，分别加入不同浓度冻胶分散体，90℃条件下测定软体非均相复合驱替体系黏度变化，实验结果如图 5-5 所示。

由图 5-5 可知，软体非均相复合驱替体系黏度随着冻胶分散体浓度增加而增大。由于

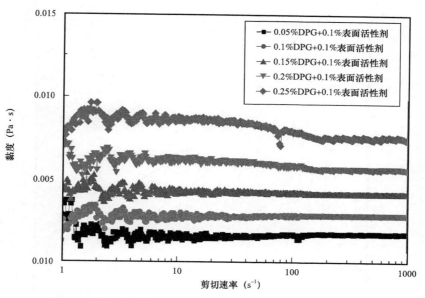

图 5-5　冻胶分散体浓度对软体非均相复合驱替体系黏度影响

冻胶分散体为高黏弹性颗粒，当浓度增加时，冻胶分散体在溶液中固含量较高，颗粒之间距离减小，分子间接触碰撞概率增大，增大了分子间内摩擦力，导致冻胶分散体溶液黏度上升。软体非均相复合驱替体系黏度增加对驱替是有利的。根据水油流度比公式可知，复合驱替体系溶液黏度越大，对水稠化能力越强，则水油流度比就越小，波及体积越大，达到提高原油采收率目的。此外，由于复合驱替体系具有黏弹性，具有类似聚合物黏弹性驱油作用。

（三）软体非均相复合驱替体系成分最佳浓度确定

由于表面活性剂对软体非均相复合驱替体系黏度影响较小，因此，实验从界面张力对软体非均相复合驱替体系各成分浓度进行优化，结果如图 5-6 所示。

由图 5-6 可知，随着表面活性剂浓度增大，软体非均相复合驱替体系降低油水界面张力能力越强；当表面活性剂浓度超过一定值后，界面张力反而增加，说明复合驱替体系中表面活性剂浓度存在一个最佳浓度范围。结合图 5-4 和图 5-5 可知，复合驱油体系黏度随冻胶分散体浓度增加而增大，低浓度范围表面活性剂对复合驱油体系黏度无影响，而高浓度表面活性剂对复合驱替体系黏度具有协同增黏能力。以上研究表明，复合驱替体系中表面活性剂是降低油水界面张力主控因素，通过吸附在冻胶分散体颗粒表面，起到协同增黏作用；而冻胶分散体颗粒是复合驱替体系黏度增加主要来源，黏度增加延长了动态平衡界面张力时间，但对界面张力值影响较小。综合考虑低界面张力（$<10^{-2}$mN/m）、高黏度及低成本因素，优化软体非均相复合驱替体系中表面活性剂使用浓度范围为 0.05%～0.12%，冻胶分散体使用浓度范围为 0.06%～0.12%。

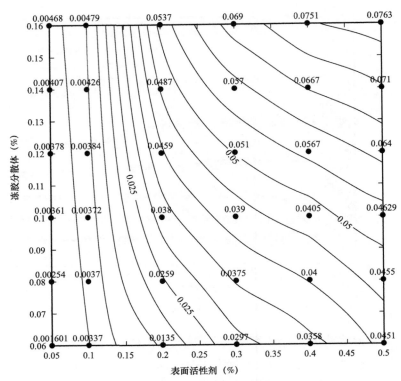

图 5-6　软体非均相复合驱替体系界面张力等值图

第二节　冻胶分散体软体非均相复合体系性质表征

软体非均相复合驱替体系既具有聚合物 / 表面活性剂二元复合驱特点，同时由于冻胶分散体加入又具有黏弹性颗粒特点。本研究从软体非均相复合驱替体系的微观形貌、黏度、降低界面张力能力、膨胀性能、改变润湿性能、剪切稳定性、乳化性能和表面电性等方面系统表征。

一、微观形貌

用模拟水配制冻胶分散体软体非均相复合驱替体系（0.1% 冻胶分散体 +0.1% 表面活性剂），将其置于 90℃恒温烘箱中老化 10d、15d、30d 后，采用扫描电镜观察其微观形貌变化，实验结果如图 5-7 所示。

初始阶段软体非均相复合驱替体系中冻胶分散体颗粒主要以单个颗粒均匀地分散在溶液中。高温老化后复合驱替体系中单个冻胶分散体颗粒均开始变大，但膨胀能力有限，这种有限度膨胀保证了冻胶分散体高温老化后具有较高强度。随着老化时间进一步增加，软体非均相复合驱替体系中多个冻胶分散体颗粒之间相互聚集，颗粒之间黏连程度增加，形成较大聚集体。冻胶分散体颗粒粒径由初始 2μm 增加至 30μm 以上。此外，由微观形貌图可知，老化后冻胶分散体颗粒表面覆盖一层薄膜，表面活性剂在老化过程中吸附在颗粒

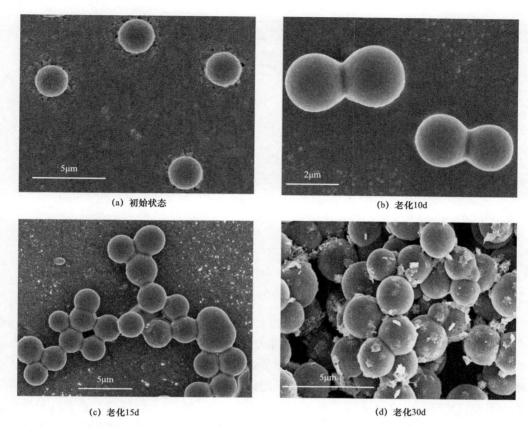

(a) 初始状态　　　　　　　　　　　　　(b) 老化10d

(c) 老化15d　　　　　　　　　　　　　(d) 老化30d

图 5-7　高温老化前后软体非均相复合驱替体系微观形貌

表面形成的。老化时间越长，复合驱替体系中冻胶分散体颗粒聚集程度越大。由于高温老化前，软体非均相复合驱替体系是相对稳定系统，冻胶分散体受静电斥力影响，能够均匀分散在溶液中。高温老化时，冻胶分散体颗粒运动加剧，颗粒之间相互碰撞聚集形成大的聚集体。高矿化度模拟水中盐离子存在会中和冻胶分散体颗粒表面负电荷，使得颗粒之间静电斥力作用减小，该作用加速了非均相复合驱替体系聚集过程。因此，当软体非均相复合驱替体系在多孔介质中运移时，表面活性剂能够较好释放降低油水界面张力，提高洗油效率，而冻胶分散体老化聚集性质有利于颗粒对高渗透层部位形成有效调控。当孔隙喉道较小时，单个颗粒通过膨胀，实现对孔道的微观调控作用，当孔隙喉道较大时，多个颗粒之间相互聚结形成较大的聚集体，对孔道进行微观调控，达到调整渗流剖面、扩大波及体积目的。通过软体非均相复合驱替体系组分协同作用，最大限度提高原油采收率。

二、黏度稳定性

采用模拟水配制软体非均相复合驱替体系（0.1% 冻胶分散体 +0.1% 表面活性剂）、冻胶分散体、聚 / 表二元复合驱油体系（0.1% 聚合物 +0.1% 表面活性剂），置于 90℃恒温烘箱中老化不同时间，采用 Brookfield 黏度计测定黏度变化，转子 0#，转速 6r/min，实验结果如图 5-8 所示。

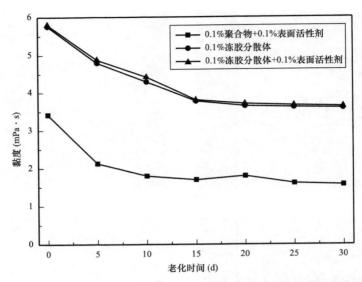

图 5-8　高温老化对聚 / 表、冻胶分散体与软体非均相复合驱替体系黏度影响

由图 5-8 可知，三种体系黏度随着老化时间增加而降低，其中聚表二元复合驱油体系老化 30d 后黏度下降了 95%，而软体非均相复合驱替体系与冻胶分散体老化 30d 后黏度保留率均高于 60%，表明软体非均相复合驱替体系与冻胶分散体具有较好黏度稳定性。由于软体非均相复合驱替体系与冻胶分散体黏度稳定性特点主要与冻胶分散体相关。从冻胶分散体形成机理可知，本体冻胶是致密网络结构，该结构保证本体冻胶高黏弹性和热稳定性。制备冻胶分散体过程中，本体冻胶致密网状结构仅仅被机械剪切作用剪断，不涉及化学反应。因此，由此本体冻胶形成的冻胶分散体也具有较高热稳定性。当冻胶分散体与表面活性剂组成软体非均相复合驱替体系时，二者具有较好配伍性，保留了冻胶分散体热稳定性特点。因此，高温老化后，软体非均相复合驱替体系仍具有较高黏度保留率。高温老化后，复合驱替体系中冻胶分散体产生聚集，形成较大颗粒，颗粒之间相互作用力减小，造成黏度一定程度降低。但对比聚 / 表体系，软体非均相复合驱替体系仍具有较高耐温抗盐性能。

三、降低界面张力能力

软体非均相复合驱替体系老化后能够保持降低界面张力能力是保证高效关键。实验对比分析了单一表面活性剂体系（0.1%），非均相复合驱替体系（0.1% 冻胶分散体 +0.1% 表面活性剂）90℃老化前后界面张力变化情况结果如图 5-9 所示。

由图 5-9 可知，软体非均相复合驱替体系界面张力随老化时间增加而增加，当老化时间增加至 20d 时，界面张力由 3.72×10^{-3}mN/m 增加至 4.79×10^{-2}mN/m，15d 后界面张力基本不变。软体非均相复合驱替体系中表面活性剂为磺酸盐甜菜碱表面活性剂，对二价盐离子具有螯合作用，增强了抗盐特点。但高浓度盐离子压缩了表面活性剂离子氛厚度，破坏了亲水基团水化膜，使得亲水基团静电斥力减小，促进了活性分子在油水界面吸附，使

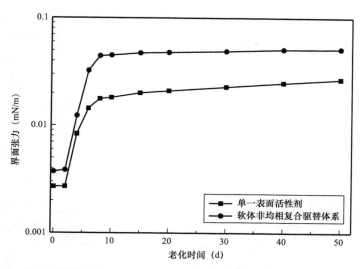

图 5-9 单一表面活性剂、非均相复合驱替体系的界面张力随老化时间的变化

之形成紧密界面层排列结构。因此，非均相复合驱替体系老化后仍有较好降低界面张力能力。但同时由于高温高盐作用，部分表面活性剂分子失去效用，降低了活性分子在油水界面吸附能力，使得界面分子层比较稀疏，导致界面张力有所升高。同时部分表面活性剂分子吸附在冻胶分散体颗粒表面，降低了界面层中表面活性剂含量。因此，软体非均相复合驱替体系降低油水界面张力能力有所降低。

四、膨胀能力

软体非均相复合驱替体系依靠黏度改善水油流度比，冻胶分散体颗粒老化聚集实现对优势渗流通道调控。本研究采用激光粒度分析仪测定了冻胶分散体（0.1% 冻胶分散体）和软体非均相复合驱替体系（0.1% 冻胶分散体 +0.1% 表面活性剂）聚结膨胀能力，结果如图 5-10 所示。

由图 5-10 可知，两种体系粒径随着老化时间增加而增大。老化初期，非均相复合驱替体系粒径迅速增加。当老化 40d 后，粒径基本不再增加。这种现象是由非均相复合驱替体系所带不同强度电荷造成的，表面活性剂带强负电荷，而冻胶分散体带弱负电荷。老化过程中，表面活性剂通过氢键作用、疏水作用吸附在冻胶分散体颗粒表面，增加了颗粒表面负电性，使得颗粒之间斥力作用增强，导致颗粒不易聚集。因此，软体非均相复合驱替体系聚结膨胀能力比单一冻胶分散体聚结膨胀能力较弱。当持续老化 50d 后，粒径由初始 2.1μm 增加至 69.8μm，表明复合驱替体系具有较好膨胀能力。软体非均相复合驱替体系通过三种途径实现自身聚结膨胀：单个颗粒吸水实现有限度膨胀，一般膨胀 1.5～2 倍，保证了冻胶分散体颗粒具有一定强度；表面活性剂吸附在颗粒表面形成多层吸附层，增加颗粒有效半径；当持续老化后，盐离子中和颗粒表面负电，导致静电斥力作用减小，增加了软体非均相复合驱替体系膨胀能力。

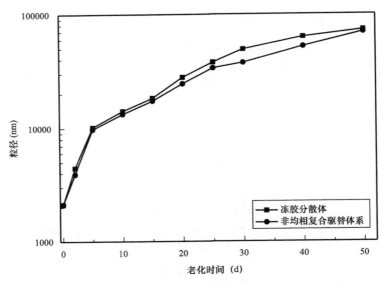

图 5-10　高温老化前后冻胶分散体与软体非均相复合驱替体系膨胀能力

五、润湿改变性能

油藏渗流过程中，由于原油与岩石长期接触，导致岩石表面性质由亲水向亲油转变，油相渗透率趋于降低 15%～85%，严重影响了原油采收率。软体非均相复合驱替体系可以吸附在岩石表面改变其润湿性，利于原油从岩层表面剥离，对提高原油采收率起到促进作用。

（一）实验方法

利用光学投影法测定软体非均相复合驱替体系润湿改变性能。采用经过处理水湿和油湿石英片模拟地层岩石，将两种不同润湿性石英片置于表面活性剂溶液和非均相复合驱替体系中老化，对比分析石英片润湿性改变程度，具体实验步骤为：

（1）将长 5cm、宽 2cm 石英片浸泡 5% 盐酸溶液中 3h，然后用去离子水反复淋洗，90℃烘干备用；

（2）将 20% 正庚烷与原油混合均匀制备油润湿体系，将烘干石英片放置油润湿体系中，90℃恒温老化 15d，得亲油石英片，用于模拟油湿表面；

（3）将干燥石英片置于模拟水中，90℃恒温老化 15d，得亲水石英片，用于模拟水湿表面；

（4）将上述得到油湿和水湿石英片分别置于表面活性剂（0.1%）和软体非均相复合驱替体系（0.1% 表面活性剂 +0.1% 冻胶分散体）溶液中分别老化不同天数，测定老化后石英片润湿改变能力。

其中，改性后水湿石英片初始润湿角为 24.5°，油湿石英片初始润湿角为 147.5°，结果如图 5-11 所示。

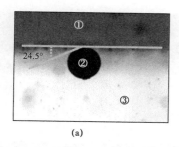 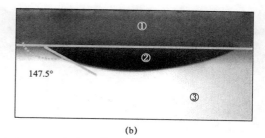

(a)　　　　　　　　　　　　(b)

图 5-11　改性后石英片润湿性能

①—石英片；②—油滴；③—水

（二）实验结果与分析

软体非均相复合驱替体系和表面活性剂改变石英片润湿性能结果如图 5-12 所示。由图可知，两种体系老化后均会使油湿石英片润湿性能发生反转，使得亲油石英片向亲水石英片转变，并减弱亲水石英片的亲水性。由于非均相复合驱替体系在老化前有较多的表面活性剂活性分子，亲油基团朝向石英片并通过氢键作用在其表面紧密排列形成多层吸附膜，显著改善石英表面润湿性。当软体非均相复合驱替体系老化后，表面活性剂活性分子有效含量降低，减少了在石英表面吸附。此外，非均相复合驱替体系中冻胶分散体也会通过氢键作用吸附在石英表面，减少了石英表面吸附位，降低了表面活性剂分子的吸附。因此，单一表面活性剂改变石英片表面润湿性能力比非均相复合驱替体系强。当持续老化 30d 后，石英片润湿改变性能基本不再发生变化。软体非均相复合驱替体系的润湿改变能力，有利于原油从岩石表面剥离，进而提高采收率。

六、抗剪切性能

以聚合物为主驱油体系易受注入设备、地层渗流剪切影响，黏度会大幅度降低，尤其在后续水驱阶段，注入压力下降较大，后续流度控制能力有限，影响驱油效果。因此，剪切稳定性是复合驱油技术长期有效保证。本研究采用 waring 高速剪切机模拟复合驱替体系在地层中受到剪切作用，设定剪切速率 1000r/min。30℃，采用 Brookfield 黏度计（0# 转子、6r/min）测定剪切前后聚 / 表二元复合驱油体系（0.2% 聚合物 +0.1% 表面活性剂）和非均相复合驱替体系（0.2% 冻胶分散体 +0.1% 表面活性剂）黏度，结果如图 5-13 所示。

由图 5-13 可知，当施加剪切作用力之后，聚 / 表二元复合驱油体系黏度随剪切时间增加迅速下降，剪切 20min 后黏度下降 95% 以上，抗剪切性较差。由于聚 / 表二元复合驱油体系黏度主要来源于聚合物分子相互缠绕产生结构黏度，施加剪切作用后，聚合物长链被剪断，相互缠绕结构被打散。因此，聚 / 表二元复合驱油体系黏度大幅度降低。对于非均相复合驱替体系，施加剪切作用 20min 后，黏度保留率仍在 98%，具有较好抗剪切性能。由于非均相复合驱替体系黏度主要来源于冻胶分散体，由前期研究结果可知，冻胶分散体具有高抗剪切稳定性。因此，由其组成的非均相复合驱替体系也具有高抗剪切稳定性。

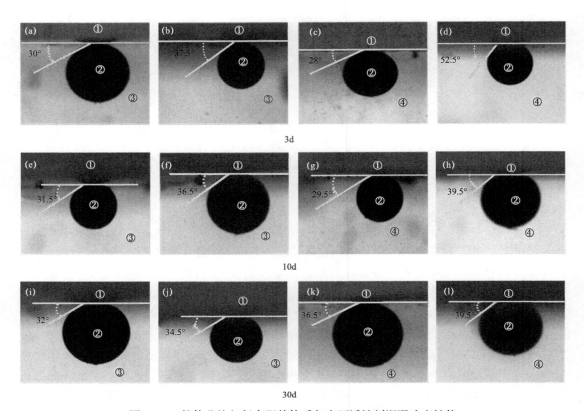

图 5-12　软体非均相复合驱替体系与表面活性剂润湿改变性能

①—石英片；②—油滴；③—表面活性剂溶液；④—软体非均相复合驱替体系

（a），（e），（i）：水湿，表面活性剂；（b），（f），（j）：油湿，表面活性剂；

（c），（g），（k）：水湿，软体非均相复合驱替体系；（d），（h），（l）：油湿，软体非均相复合驱替体系

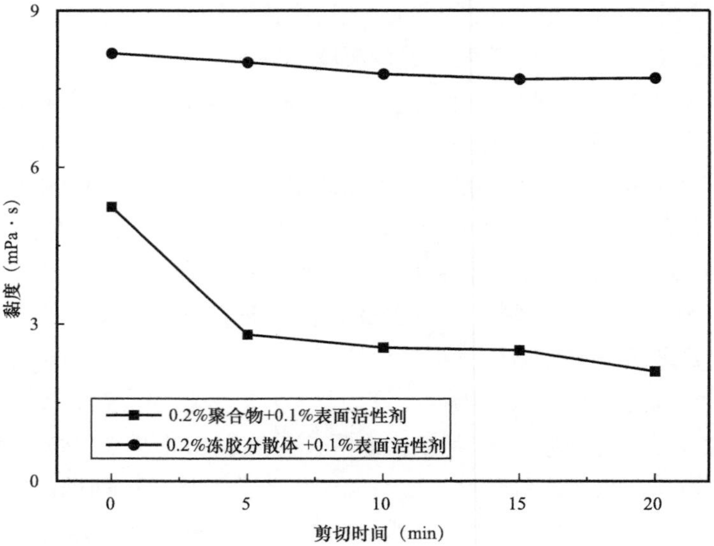

图 5-13　软体非均相复合驱替体系及聚/表二元复合驱油体系抗剪切性能

　　当剪切作用停止后，将软体非均相复合驱替体系和聚／表二元复合驱油体系静置24h，考察黏度恢复能力。由图5-14可知，聚／表二元复合驱油体系静置24h后黏度基本没有恢复，受高速剪切作用，聚合物链遭到破坏难以恢复，黏度不能完全恢复。而软体非均相复合驱替体系静置24h后黏度恢复率达到95%以上，由于冻胶分散体颗粒粒径与溶液中颗粒固含量基本不变，颗粒之间相互接触碰撞仍能产生有效黏度。

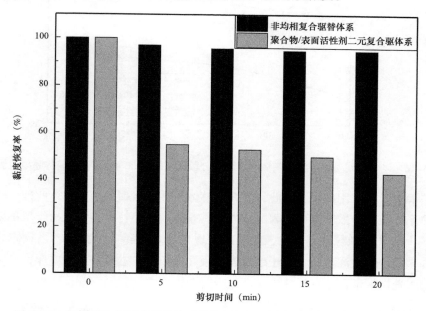

图5-14　软体非均相复合驱替体系及聚／表二元复合驱油体系黏度恢复能力

七、Zeta 电位分析

　　Zeta电位是表征软体非均相复合驱替体系稳定性重要参数。实验对比分析表面活性剂（0.1%）、冻胶分散体（0.1%）与非均相复合驱替体系（0.1%冻胶分散体+0.1%表面活性剂）90℃老化前后的电性。考虑到Zeta电位仪抗盐范围，实验仅考虑三种体系在10000mg/L模拟水中（Na^+：9100mg/L；Ca^{2+}：600mg/L；Mg^{2+}：300mg/L）电性变化，实验结果如图5-15所示。

　　由图5-15可知，三种体系均带负电性，表面活性剂体系Zeta电位绝对值比冻胶分散体系Zeta电位绝对值要高。当冻胶分散体加入表面活性剂形成非均相复合驱替体系时，表面活性剂在冻胶分散体颗粒表面吸附，使得冻胶分散体颗粒表面负电性增加，增强了颗粒之间的静电斥力作用，Zeta电位绝对值升高。高温老化30d后，表面活性剂Zeta电位绝对值仍高于30mV，而冻胶分散体与非均相复合驱替体系Zeta电位绝对值均有所降低，由稳定体系转变为不稳定体系。由于所使用的表面活性剂为磺酸盐甜菜碱型小分子体系，高温老化后对盐离子具有螯合作用，增强了抗盐特点。因此，表面活性剂体系老化后具有较高的Zeta电位绝对值，表现出稳定性特点。对于软体非均相复合驱替体系，带正电荷盐离子中和颗粒表

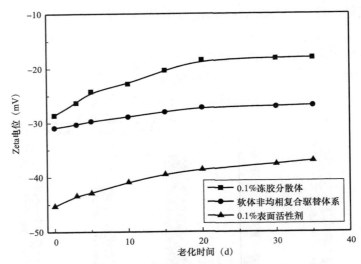

图 5-15　老化时间对表面活性剂体系、冻胶分散体与软体非均相复合驱替体系电位影响

面负电荷，静电斥力作用减小，因此，复合驱替体系在盐水中易于聚集。此外，软体非均相复合驱替体系中冻胶分散体颗粒比表面积大，具有高表面能特点，颗粒易于聚集以减小其表面能，宏观上表现为颗粒聚集变大，微观上表现 Zeta 电位绝对值减小。当软体非均相复合驱替体系在多孔介质中渗流时，由于地层岩石表面带负电，二者产生静电斥力作用，能够保证其顺利进入地层深部而不在近井地带产生吸附滞留现象，起到深部调驱作用。

第三节　冻胶分散体软体非均相复合体系驱替性能

建立长岩心物理驱替模型，研究冻胶分散体软体非均相复合体系的深部注入能力及对岩心不同位置的渗透率降低作用；利用岩心物理驱替实验考察储层调控能力和驱替潜力，为其矿场应用提供技术支撑。

一、注入运移性能

要保证驱油效果，复合驱替体系必须具备"注得进、能移动、进的深"的特点。采用长岩心多孔测压装置测定了软体非均相复合驱替体系的注入性能，其中模型上分布 5 个测压点，位置分布为 $ab=ef=10cm$，$bc=de=20cm$，$cd=40cm$，岩心规格为长 100cm，直径为 2.5cm，实验流程如图 5-16 所示。

考虑到真实地层中注水井附近由于长期注水冲刷，渗透率一般较大，室内填制岩心时，注入端采用砾石颗粒充填，具体测定方法为：

（1）采用 60～80 目石英砂填制填砂管，计算渗透率、孔隙体积；

（2）水驱平衡后，90℃条件下，以 0.5mL/min 泵速注入 1PV 软体非均相复合驱替体系（0.1% 冻胶分散体 +0.1% 表面活性剂），记录 5 个测压点压力；

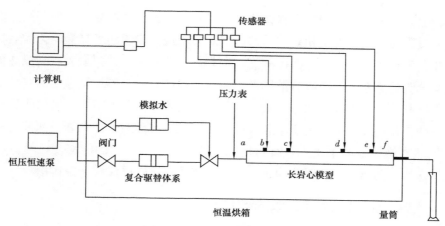

图 5-16 多孔测压装置实验图

（3）将上述岩心 90℃老化 5d 后水驱直至压力平稳，记录水驱过程中压力变化。

其中填砂管渗透率为 1.07D，孔隙体积为 154mL，压力随注入孔隙体积变化如图 5-17 所示。

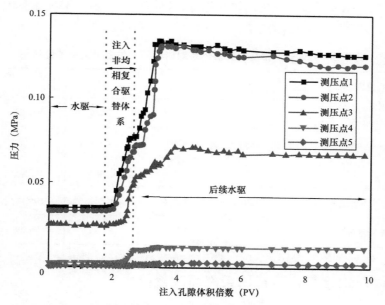

图 5-17 非均相复合驱替体系注入压力随孔隙体积变化

由图 5-17 可知，水驱阶段 5 个测压点压力有所降低，但降低幅度不大。当注入 1PV 软体非均相复合驱替体系时，5 个测压点压力均有不同程度升高，其中测压点 1、2、3 首先上升，当注入量为 0.6PV 时，测压点 4、5 压力开始上升，说明复合驱替体系已经运移到该处。当注入量为 1PV 时，5 个测压点压力达到最大。注入阶段，当岩心孔隙喉道小于软体非均相复合驱替体系中冻胶分散体粒径时，对岩心直接进行封堵；当岩心孔隙喉道大于冻胶分散体粒径时，多个颗粒之间相互架桥，实现对岩心高渗透部位微观调控，使 5 个测压点压力上升，表明非均相复合驱替体系对岩心高渗透部位形成了有效调控。但复合驱替体系注入过程中封堵能力是相对较弱的，因此实验进一步考察了高温老化后运移封堵能力，5 个测压点压力均有较大幅度上升，当后续水驱 1PV 时，达到最大。高温老化后，软体非均相复合驱替体系中的冻胶分散体颗粒通过两种途径实现储层调控：冻胶分散体单个颗粒膨胀；冻胶分散体颗粒之间相互聚结，形成较大聚结体。但随着后续水驱进行，压力开始下降，调控作用降低，但由于冻胶分散体为颗粒，突破后继续向岩心深部运移，使得后续测压点压力维持较高水平，具有封堵、突破运移、再封堵的能移动特性。后续水驱7PV 后，仍保持较高压力，表明非均相复合驱替体系具有较好储层调控作用。

二、对岩心不同位置渗透率降低作用

为了进一步说明软体非均相复合驱替体系在岩心中的封堵能力，通过 5 个测压点位置的压力降测定各个位置渗透率。由表 5-2 可知，注入软体非均相复合驱替体系后，岩心不同位置均有较高渗透率降，达到 87% 以上，说明复合驱替体系能够对岩心各位置进行有效封堵。软体非均相复合驱替体系中冻胶分散体颗粒是储层调控的主控因素，由于冻胶分散体为柔性颗粒，能够通过变形进入岩心深部，以滞留、吸附、架桥等形式对高渗透部位进行有效调控，从而降低岩心渗透率，达到微观调控目的。

表 5-2　软体非均相复合驱替体系对岩心不同位置渗透率降低作用

岩心位置		af	bf	cf	df	ef
注非均相复合驱替体系前	压力（MPa）	0.035	0.033	0.025	0.0027	0.0008
	渗透率（D）	0.97	0.93	0.95	3.77	4.24
注非均相复合驱替体系后	压力（MPa）	0.1260	0.120	0.0670	0.0116	0.0024
	渗透率（D）	0.269	0.254	0.354	0.878	1.414
渗透率降（%）		87.01	87.04	92.94	99.69	99.97

三、软体非均相复合驱替体系剖面改善能力

建立不同渗流率级差双管物理模型模拟地层非均质性，以高渗透管模拟地层高渗透层，低渗透管模拟地层低渗透层，采用分流率和剖面改善率评价非均相复合驱替体系的储层调控能力。实验步骤为：填制不同渗透率级差岩心；以 0.5mL/min 泵速水驱直至压力平稳；以 0.5mL/min 泵速注入 1PV 软体非均相复合驱替体系（0.1% 冻胶分散体 +0.1% 表面活性剂），90℃老化 5d 后水驱，记录实验过程中的压力、产液量。其中填砂管规格为长20cm× 直径 2.5cm，实验结果见表 5-3，不同渗透率级差岩心模型的分流率及压力变化如图 5-18 至图 5-21 所示。

表 5-3　不同渗透率级差条件下非均相复合驱替体系的剖面改善能力

渗透率级差	岩心类型	渗透率（D）	分流率（%）		剖面改善能力（%）
			注入前	注入后	
1.32	低渗透	0.295	62.71	56.31	53.87
	高渗透	0.388	37.29	43.69	
2.06	低渗透	0.388	76.60	48.77	67.91
	高渗透	0.799	23.40	51.23	
4.07	低渗透	0.334	85.77	40.98	76.11
	高渗透	1.358	14.23	59.02	
8.36	低渗透	0.325	91.37	55.56	93.72
	高渗透	2.716	7.63	44.44	

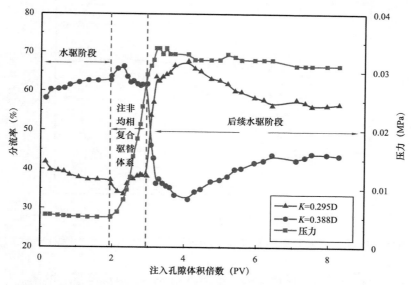

图 5-18　不同渗透率级差填砂模型的分流率和压力变化（渗透率级差：1.32）

由表 5-3 可知，软体非均相复合驱替体系对不同渗透率级差的填砂模型均有较好剖面改善能力，渗透率级差越大，剖面改善能力越强。注入过程中，受注入压力影响，复合驱替体系优先进入高渗透层，以滞留、吸附、架桥等形式对高渗透部位形成有效调控，迫使后续水流转向中低渗透层，提高了中低渗透层的分流能力，进而达到微观调控的目的。

由图 5-18 至图 5-21 可知，水驱阶段，高渗透管具有较大分流量，水驱压力较低，当

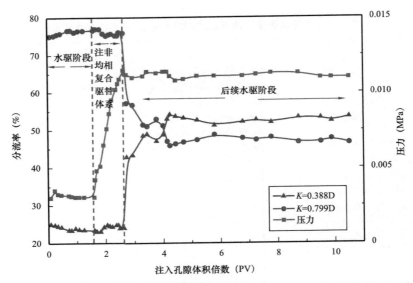

图 5-19　不同渗透率级差填砂模型的分流率和压力变化（渗透率级差：2.06）

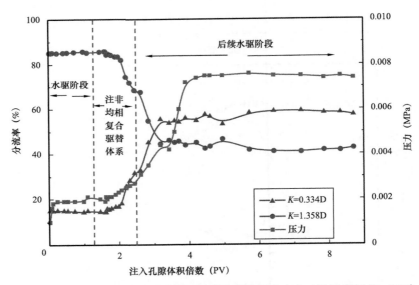

图 5-20　不同渗透率级差填砂模型的分流率和压力变化（渗透率级差：4.07）

注入非均相复合驱替体系后，高渗透管产液量开始降低，低渗透管产液量上升，注入压力明显上升。当填砂模型岩心老化后，后续水驱过程中低渗透管的分流量上升，表明软体非均相复合驱替体系具有较好剖面改善能力，能够对高渗透层进行有效调控。由图进一步还可知，渗透率级差越大，软体非均相复合驱替体系的剖面改善能力越强。在注入压力作用下，岩心渗透率级差越大，复合驱替体系越易向高渗透层运移，对高渗透层形成有效封堵，迫使后续水流转向低渗透层；渗透率级差越小，复合驱替体系在进入高渗透层同时也会进入低渗透层，对低渗透层造成污染，使得剖面改善能力降低。软体非均相复合驱替体

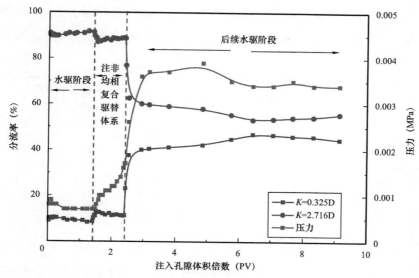

图 5-21　不同渗透率级差填砂模型的分流率和压力变化（渗透率级差：8.36）

系良好剖面改善能力对其驱油是有利的，能够迫使后续流体转向中低渗透层，将其中剩余油驱替出。此外，软体非均相复合驱替体系中的表面活性剂通过润湿反转、乳化等作用也会将多孔介质中的残余油驱出，提高原油采收率。

四、驱替潜力评价

采用单管实验岩心模型对比分析了表面活性剂、聚合物 / 表面活性剂二元复合驱油体系、冻胶分散体和软体非均相复合体系的驱替潜力，具体实验步骤为：

（1）岩心 90℃恒温箱中干燥 10h、称重，将干燥后的岩心饱和模拟水，再次称重，计算孔隙体积；

（2）水驱直至压力平稳，计算岩心渗透率；

（3）遵循"由低泵入速度到高泵入速度"的原则将岩心饱和模拟油，并将饱和油后的岩心置于 90℃恒温箱中老化 24h；

（4）以 0.5mL/min 泵速水驱至产液含水率达到 98%，记录过程中压力、产水量和产油量；

（5）以 0.5mL/min 泵速注入 1PV 软体非均相复合驱替体系（0.1% 冻胶分散体 +0.1% 表面活性剂），记录注入过程中压力、产水量和产油量，并将该岩心放置 90℃下老化 5d；

（6）再次水驱至产液含水达到 98%，记录过程中压力、产水量和产油量，计算采收率增值。

将上述步骤（5）注入的非均相复合驱替体系替换为 0.1% 冻胶分散体、0.1% 表面活性剂和聚合物 / 表面活性剂二元复合驱油体系（0.3% 聚合物 +0.1% 表面活性剂），重复上述步骤（1）～（6），实验结果见表 5-4。可知，注入四种驱油体系后均能够有效提高采收率达 10% 以上。其中非均相复合驱替体系的采收率增值明显高于表面活性剂、聚表二元复合驱油体系或冻胶分散体采收率增值，具有明显的采收率增值叠加效应。

表 5-4　不同驱油体系的驱替效果

体系	渗透率（D）	长度（mm）	直径（mm）	孔隙体积（mL）	含油饱和度（%）	水驱采收率（%）	最终采收率（%）	采收率增值（%）
表面活性剂	0.778	934	50	9.34	76.02	49.30	60.56	11.26
聚/表体系	0.783	930	50	9.33	77.12	52.78	67.92	15.14
冻胶分散体	0.798	945	50	9.31	75.52	49.86	65.79	15.93
非均相复合驱替体系	0.805	960	50	9.28	77.05	49.65	76.92	27.27

图 5-22 至图 5-25 给出了表面活性剂、聚合物/表面活性剂二元复合驱油、冻胶分散体及非均相复合驱替体系驱替过程中的含水率、产油率与压力变化曲线。由图可知，初始阶段长期水驱之后，岩心优势渗流通道形成，造成注入压力下降，水驱无效循环。此时，转注非均相复合驱替体系或冻胶分散体时，在注入压力作用下，能够优先进入岩心高渗透部位，通过冻胶分散体颗粒的滞留、吸附或聚集形式对高渗透部位进行有效调控，迫使后续水流转向中低渗透层未波及区域，将其中剩余油驱替出。对于表面活性剂驱，表面活性剂易沿岩心高渗透部位突进，降低了驱油效果，采收率增加主要来源于对岩心高渗透部位剩余油接触，将其剥离进而增加原油采收率。对于聚合物/表面活性剂二元复合驱油体系而言，注入阶段压力上升较快，具有较好流度控制能力，该阶段压力上升主要是由于聚合物黏度形成的，但高温老化后续水驱阶段，注入压力下降较快。由于聚合物黏度受高温、地层渗流剪切等因素影响下降幅度较大，使之后续流度控制能力有限。同时，聚合物也会沿岩心高渗透部位产出，使得黏度下降。因此，聚/表二元复合驱油体系的后续流度控制能力较弱。对于软体非均相复合驱替体系和冻胶分散体，二者驱油效果明显高于表面活性剂，而软体非均相复合驱替体系的驱油潜力明显高于冻胶分散体系。对于注入单一冻胶分散体，能够有效调整渗流剖面，但后续水驱过程中仅能将岩心低渗透部位中剩余油驱出，而此时岩心中仍有相当部分残余油未被驱出。当注入软体非均相复合驱替体系时，冻胶分散体既能够起到常规注入颗粒调整渗流剖面效果，同时表面活性剂与滞留在岩心的残余油接触，通过乳化、润湿反转等作用，将残余油剥离，进一步提高原油采收率。非均相复合驱替体系后续水驱过程中提高采收率实验数据也证实了该点。

图 5-26 给出了四种体系驱替后岩心对比状态。可以看出，驱替结束后表面活性剂驱的岩心颜色较深，岩心中仍有较多剩余油，而软体非均相复合体系驱替后的岩心颜色较浅，表明岩心中的剩余油大部分被驱替出，具有较好驱替潜力。

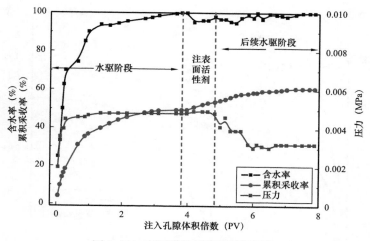

图 5-22 表面活性剂驱油效果评价

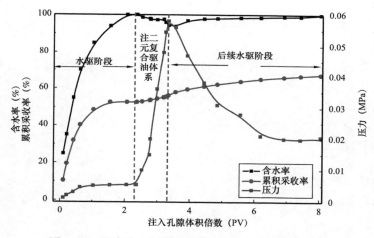

图 5-23 聚合物／表面活性剂二元复合驱油效果评价

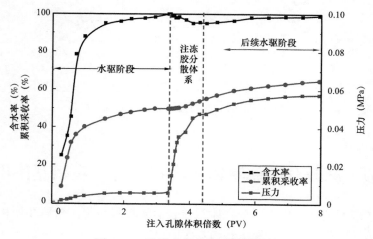

图 5-24 冻胶分散体驱油效果评价

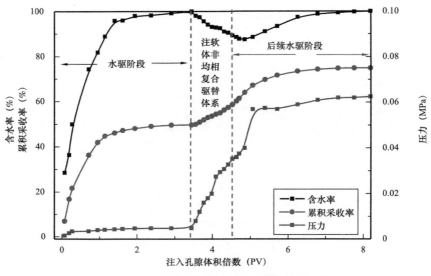

图 5-25　软体非均相复合体系驱替效果评价

| (a) 岩心饱和油
初始状态 | (b) 注表面活性剂 | (c) 注聚合物/表面活
性剂二元复合体系 | (d) 注冻胶分散体 | (e) 注非均相复合
驱替体系 |

图 5-26　表面活性剂、聚 / 表二元复合驱油体系、冻胶分散体
与软体非均相复合驱替体系驱油后的岩心状态

第四节　冻胶分散体软体非均相复合体系相互作用机制

本节探讨了表面活性剂在冻胶分散体颗粒表面的吸附行为，软体非均相复合驱替体系的界面流变行为和作用力特征，揭示其相互作用机制。

一、表面活性剂在冻胶分散体颗粒表面吸附行为

表面活性剂在冻胶分散体颗粒表面的吸附可以看作吸附质分子在界面和连续相的分布问题。表面活性剂分子可通过电性作用、氢键、疏水作用等吸附在冻胶分散体颗粒表面，形成独特吸附特点。

（一）测定原理、方法及步骤

1. 测定原理

通过比色法测定甜菜碱表面活性剂在冻胶分散体颗粒表面的吸附行为。测定原理[5-6]为：在 pH=1.0 条件下，能与雷氏盐反应生成红色沉淀，将该沉淀溶于 70% 丙酮溶液中形成粉红色溶液，该反应在 525nm 处有最大吸收峰，当甜菜碱含量在 0.1～12.5mg/mL 范围时遵守比尔定律。

2. 实验药品配制

（1）甜菜碱表面活性剂标准溶液配制：将 0.15g 表面活性剂加入到 60mL 去离子水中，搅拌均匀后移至 100mL 容量瓶中定容，测定标准吸光度曲线。

（2）饱和雷氏盐溶液配制：称取 1.5g 雷氏盐加入到 90mL 去离子水中，用盐酸调至 pH=1.0，室温下搅拌 45min，抽滤定容至 100mL，该溶液须现配现用。

（3）乙醚溶液配制：将 1mL 去离子水加至 99mL 无水乙醚中，搅拌均匀待用；

（4）丙酮溶液配制：将 30mL 去离子水加至 70mL 丙酮，搅拌均匀待用。

3. 实验步骤

甜菜碱表面活性剂标准曲线测定：分别将上述配制甜菜碱表面活性剂的标准溶液稀释至不同质量浓度，取稀释后的标准溶液 5mL，置于冰箱（4℃）中 15min，加入 5mL1.5% 雷氏盐，再置于冰箱中（4℃）3h，高速离心 15min，取沉淀，加入 99% 乙醚淋洗沉淀，直至淋洗液为无色，将沉淀置于通风橱中挥发至干，最后加入 10mL70% 丙酮溶解，于波长 525nm 处测定各溶液吸光度值，其中参比溶液为 70% 丙酮溶液。以浓度与吸光度绘制甜菜碱表面活性剂标准曲线，如图 5-27 所示。在质量浓度 0～0.12% 范围内，吸光度与浓度呈线性关系，拟合精度达到 87%，符合比尔定律。

表面活性剂在冻胶分散体颗粒表面吸附测定：用模拟水配制非均相复合驱替体系（0.1% 表面活性剂 +0.1% 冻胶分散体），90℃下老化不同时间，为避免冻胶分散体颗粒影响，首先将老化后软体非均相复合驱替体系溶液用 450nm 微孔滤膜过滤后再用 200nm 微孔滤膜过滤得澄清溶液，该澄清溶液为待测样，按照比色法进行测定。当表面活性剂浓度过高时，可以适当地稀释软体非均相复合驱替体系后再进行测定，然后换算出实际溶液浓度。

4. 静态吸附量计算

静态条件下探究表面活性剂在冻胶分散体颗粒表面的吸附行为。吸附量计算公式如式（5-1）：

$$\tau = (C_0 - C) \times V / M \times 10^{-3} \qquad (5-1)$$

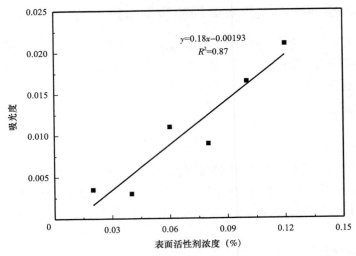

图 5-27　甜菜碱表面活性剂吸光度标准曲线

式中　τ——静态吸附量，mg/g；

　　　　V——表面活性剂溶液的体积，mL；

　　　　C_0——表面活性剂溶液的初始浓度，mg/L；

　　　　C——表面活性剂溶液的平衡浓度，mg/L；

　　　　M——软体非均相复合驱替体系中冻胶分散体颗粒的质量，g。

（二）吸附时间影响

　　表面活性剂在冻胶分散体颗粒表面的吸附是一个动态平衡过程，图 5-28 给出了表面活性剂在冻胶分散体颗粒表面的吸附量随吸附时间变化关系。

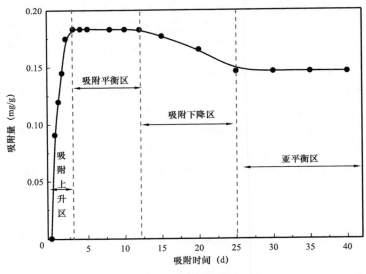

图 5-28　吸附时间对表面活性剂吸附行为的影响

由图 5-28 可知，表面活性剂在冻胶分散体颗粒表面的吸附量随着吸附时间增加而增加，当吸附时间超过 2d 后，吸附量趋于平衡，基本不再发生变化。当进一步增加吸附时间时，表面活性剂的吸附量有所下降，老化 30d 后，吸附量再次达到平衡，基本不再发生变化。依据吸附曲线变化趋势，可以将表面活性剂在冻胶分散体颗粒表面的吸附行为分为四个区域：吸附上升区；吸附平衡区；吸附下降区和亚平衡区。

（1）吸附上升区。

表面活性剂吸附量迅速增加是该区的显著特征。由于表面活性剂和冻胶分散体颗粒表面带同种电荷，主要有三种吸附作用：表面活性剂和颗粒之间形成的氢键吸附；色散力引起吸附；疏水缔合作用引起吸附。初始阶段，前两种形式吸附作用占主导地位，此时，表面活性剂活性分子迅速占据冻胶分散体颗粒表面吸附位，导致吸附量急剧上升。当表面活性剂进一步在冻胶分散体颗粒表面吸附时，表面活性剂疏水链之间的侧向相互作用形成聚集体，进一步增加了表面活性剂分子在冻胶分散体颗粒表面的吸附。高温条件下，表面活性剂分子热运动加剧，此过程也会伴随吸附的表面活性剂分子从冻胶分散体颗粒表面逃逸即解吸附现象，但吸附占据主导地位远大于解吸附。因此，在该区间表面活性剂吸附量是急剧增加的。

（2）吸附平衡区。

该区域吸附曲线斜率切线近似水平直线，表明表面活性剂在颗粒表面的吸附和解吸附达到动态平衡状态。随着老化时间增加，冻胶分散体颗粒之间相互聚集降低其比表面积，减小了表面活性剂有效吸附面积，此行为导致吸附量减小；但同时老化过程中冻胶分散体颗粒表面电性降低，使得冻胶分散体颗粒与表面活性剂之间静电排斥作用减小，有利于表面活性剂在冻胶分散体颗粒表面吸附，此行为进一步增加了表面活性剂在颗粒表面吸附量。吸附的表面活性剂分子弥补了解吸附导致表面活性剂活性分子吸附量的降低。解吸附和吸附达到动态平衡，吸附量保持不变。

（3）吸附下降区。

当吸附动态平衡维持一段时间后，表面活性剂在冻胶分散体颗粒表面的吸附量开始降低，解吸附占据主导地位。油藏条件下，带正电荷的盐离子中和表面带负电性的冻胶分散体颗粒，使颗粒间静电斥力作用降低，导致冻胶分散体颗粒相互聚集，减少了表面活性剂分子有效吸附面积。尽管甜菜碱表面活性剂具有较高抗盐离子能力，但长期老化过程中，部分表面活性剂分子与钙离子螯合作用会降低表面活性剂活性分子的含量，降低其在冻胶分散体颗粒表面的吸附量。

（4）亚平衡区。

该区域表面活性剂的吸附量逐渐趋于平稳，但仍然缓慢下降，表现出亚平衡状态。由于非均相复合驱替体系中表面活性剂在冻胶分散体颗粒表面的吸附行为是吸附和解吸附动态平衡过程，表面活性剂的吸附行为不仅受自身固有性质影响，同时也会受到非均相复合驱替体系中固相颗粒行为、分散相性质影响。固相颗粒聚集、表面活性分子热运动以及极少表面活性剂分子与钙镁离子螯合作用都会降低其在冻胶分散体颗粒表面的吸附，使得表面活性剂分子释放并重新溶解在分散相中。表面活性剂分子在冻胶分散体颗粒表面的解吸附行为对非均相复合驱替是有利的，缓慢释放表面活性剂分子重新吸附到油水界面，降低油水界面张力，起到提高洗油效率作用。

（三）吸附浓度对表面活性剂吸附行为影响

为进一步探究表面活性剂在冻胶分散体颗粒表面的吸附行为，在吸附平衡区内研究了表面活性剂吸附类型。固定冻胶分散体颗粒浓度为0.1%，研究不同浓度表面活性剂在颗粒表面的吸附行为，90℃条件下吸附平衡时间3d，实验结果如图5-29所示。

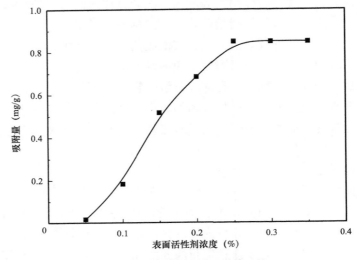

图5-29　表面活性剂吸附等温线

由图5-29可知，表面活性剂在冻胶分散体颗粒表面的吸附量随着表面活性剂浓度的增大而增加。当表面活性剂浓度达到0.3%时，吸附量基本不再增加，达到饱和吸附。从表面活性剂等温吸附曲线变化来看，表面活性剂在冻胶分散体颗粒表面吸附属于典型的Langmuir吸附。当表面活性剂浓度较低时，表面活性剂活性分子通过氢键作用、疏水缔合作用、色散力等作用吸附在冻胶分散体颗粒表面，在颗粒表面形成单层吸附膜。此时，冻胶分散体颗粒表面仍有较多的吸附位，吸附量随着表面活性剂浓度的增加急剧增加。当表面活性剂增加到一定浓度时，一方面，表面活性剂中的活性分子占据冻胶分散体颗粒表面未被占据的吸附位；另一方面，表面活性剂中的活性分子通过疏水链之间的相互作用吸附在冻胶分散体颗粒表面形成多层吸附，增大了吸附量，此时吸附量缓慢增加。但同时由于表面活性剂分子的热运动也会使其逃离冻胶分散体颗粒表面，形成吸附—解吸附的动态过程。当表面活性剂浓度超过0.3%时，表面活性剂在冻胶分散体颗粒表面的吸附达到动态平衡，吸附量不再增加，此时浓度为平衡吸附浓度，对应吸附量为饱和吸附量。在该浓度下，表面活性剂分子在冻胶分散体颗粒表面的吸附和解吸附达到动态平衡，吸附量基本不再增加。表面活性剂在冻胶分散体颗粒表面的吸附行为提高了软体非均相复合驱替体系的降低油水界面张力能力，并使冻胶分散体具有洗油能力。此外，表面活性剂在冻胶分散体颗粒表面的吸附也会强化复合驱替体系的负电性。由于大多数储层表面带负电，当带负电性复合驱替体系在储层多孔介质流动时，由于静电斥力作用，不易在近井地带吸附，有利于非均相复合驱替体系进入岩心深部。

二、软体非均相复合驱替体系的界面流变行为研究

界面扩张流变方法[7-9]是研究吸附层分子界面行为重要手段。吸附在界面层的分子形成吸附膜能够改变界面层微观性质，当界面层受到扰动时会产生张力响应，通过分析界面层恢复平衡的过程研究界面层分子间相互作用以及分子在界面层聚集形态等。本研究借助界面流变仪对软体非均相复合驱替体系的界面流变行为进行了探讨。

（一）界面流变行为理论研究基础

当界面受到周期性压缩和扩张时，界面张力也会随之发生周期性变化，即产生扩张模量。扩张模量可以用来表征界面膜强度，一般来说扩张模量越大，吸附在界面层分子作用越强，形成的界面膜强度越高。扩张模量定义为界面张力变化与相对界面面积变化的比值，见公式（5-2），

$$\varepsilon = \frac{\mathrm{d}\gamma}{\mathrm{d}\ln A} \qquad (5\text{-}2)$$

式中　ε——扩张模量；

　　　γ——界面张力；

　　　A——界面面积。

对于黏弹性界面，界面张力周期性变化与界面面积周期性变化存在一定的相位θ，即扩张模量相位角。因此，扩张模量也可以用复数形式表示，见式（5-3）至式（5-5）：

$$\varepsilon = \varepsilon_\mathrm{d} + \mathrm{i}\omega\eta_\mathrm{d} \qquad (5\text{-}3)$$

$$\varepsilon_\mathrm{d} = |\varepsilon|\cos\theta \qquad (5\text{-}4)$$

$$\eta_\mathrm{d} = (|\varepsilon|\sin\theta)/\omega \qquad (5\text{-}5)$$

式中　ε_d——储能模量，表征黏弹性界面弹性部分的贡献；

　　　ω——表面面积正弦变化的频率；

　　　η_d——损耗模量，表征黏性部分对扩张模量的贡献。

采用瑞典百欧林科技有限公司生产的Attention扩张界面流变仪测定软体非均相复合驱替体系的界面流变。通过对悬挂液滴周期扰动，改变液滴大小和界面面积，利用滴外形分析方法测定界面张力响应，分析复合驱替体系界面性质。具体实验步骤为：用注射器将待测样品加入到样品管中，并将其安装到测量室；在U形针管微量注射器中加入原油，将其浸没样品管中并在U形针管底端形成2.5μL油滴；调整参数进行测定，记录扩张模量变化。为了保持测量精度，当形成液滴20s后对其施加0.5Hz正弦扰动，扩张形变（$\Delta A/A$，其中ΔA为形变面积，A为界面面积）为10%，所有测试实验均在（30.0±0.1）℃条件下进行。

（二）软体非均相复合驱替体系动态界面张力影响因素

1. 表面活性剂浓度对软体非均相复合驱替体系动态界面张力影响

固定冻胶分散体浓度为 0.1%，考察表面活性剂浓度对软体非均相复合驱替体系动态界面张力的影响，其中振荡频率为 0.5Hz，结果如图 5-30 所示。

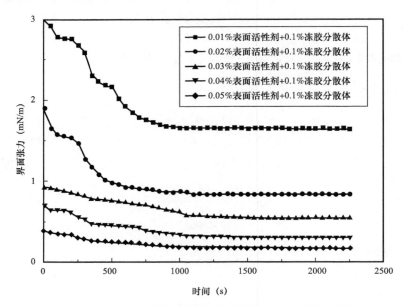

图 5-30　不同表面活性剂浓度条件下的动态界面张力变化

由图 5-30 可知，随着时间增加，软体非均相复合驱替体系界面张力逐渐降低，直至达到动态平衡值。在考察实验浓度范围内，表面活性剂浓度越高，达到动态平衡时界面张力值越低，所需时间就越短。软体非均相复合驱替体系中的表面活性剂在界面吸附涉及扩散控制和能垒控制两个过程。扩散控制过程使表面活性剂分子从体相扩散到界面，并吸附在界面层，导致界面张力不断降低，最终达到吸附与解吸附动态平衡值，动态界面张力不再变化。能垒控制过程与吸附在界面层的活性分子行为有关，涉及活性分子取向变化、重排和聚集等行为，但分子数量未发生变化。因此，动态界面张力维持在稳定值。

2. 冻胶分散体浓度对软体非均相复合驱替体系动态界面张力影响

固定表面活性剂浓度为 0.02%，考察了冻胶分散体浓度对软体非均相复合驱替体系动态界面张力的影响，其中振荡频率固定为 0.5Hz，结果如图 5-31 所示。

由图 5-31 可知，冻胶分散体浓度越高，软体非均相复合驱替体系的稳定界面张力越大。由于软体非均相复合驱替体系是黏弹性体系，当冻胶分散体浓度增加时，复合驱替体系黏弹性也增加，降低了表面活性剂分子向界面层扩散速度，冻胶分散体浓度越高，表面活性剂分子向界面层扩散速度越慢，导致复合驱替体系的界面张力较高。此外，受疏水作用影响，部分表面活性剂分子吸附在冻胶分散体颗粒表面，降低了界面层活性分子数量，也会导致高浓度冻胶分散体形成的软体非均相复合驱替体系界面张力较大。

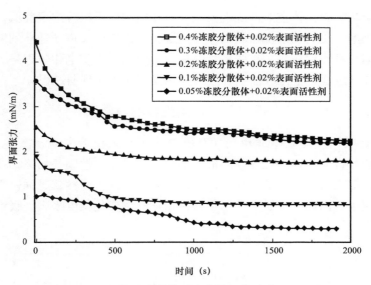

图 5-31　不同冻胶分散体浓度条件下的动态界面张力

3. 老化时间对软体非均相复合驱替体系动态界面张力影响

由于软体非均相复合驱替体系在地层中是长期驱替过程，油藏条件会对其界面性质产生一定影响。因此，实验考察了不同老化时间下软体非均相复合驱替体系（0.1% 冻胶分散体 +0.02% 表面活性剂）的动态界面张力，其中振荡频率为 0.5Hz，结果如图 5-32 所示。

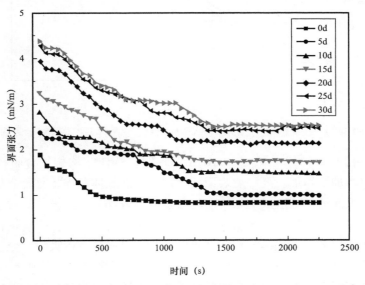

图 5-32　老化时间对软体非均相复合驱替体系动态界面张力的影响

由图 5-32 可知，随着老化时间增加，软体非均相复合驱替体系平衡界面张力逐渐降低，老化 25d 后，动态界面张力基本不再改变。持续老化后，表面活性剂分子数量降低，导致吸附在界面层的表面活性剂分子降低，界面张力升高。当聚集体超过一定尺寸后，受重力差异因素影响，聚集体在溶液底端聚集，液相内部体系组分浓度降低，导致吸附在界面层的分子解吸附。受物质浓度差影响，界面层分子由界面层逐渐迁移到液相内部，使得界面层分子之间相互作用减弱，扩张模量降低。实验结果表明老化过程是界面层分子由表面向液相内部迁移过程，也是界面层分子之间相互作用由强到弱过程。

（三）软体非均相复合驱替体系扩张模量影响因素

1. 表面活性剂浓度对软体非均相复合驱替体系扩张模量影响

软体非均相复合驱替体系在界面层形成的吸附膜是黏弹性膜，始终存在吸附分子在界面和体相间的扩散交换。分子扩散交换作用越微弱，表面膜弹性就越强，则振荡频率对扩张模量影响就越小。因此，本研究采用扩张模量随频率变化幅度来表征吸附膜弹性，结果如图 5-33 所示。

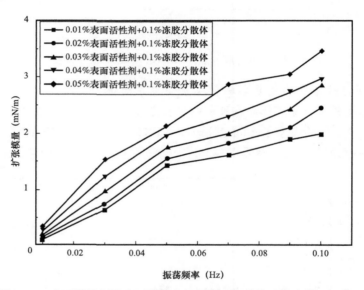

图 5-33　表面活性剂浓度对软体非均相复合驱替体系扩张模量的影响

由图 5-33 可知，当振荡频率为 0.01～0.1Hz 时，软体非均相复合驱替体系的扩张模量随着振荡频率增加而增加。高浓度表面活性剂形成的软体非均相复合驱替体系扩张模量明显高于低浓度表面活性剂形成的软体非均相复合驱替体系扩张模量。对于低浓度表面活性剂，表面活性剂分子在界面层吸附量较低，吸附膜强度较弱，扩张模量较低。当吸附时间增加时，表面活性剂分子从体相扩散到界面，并在界面层大量吸附，分子间相互作用增大，扩张模量迅速增加，扩张模量变化的过程也是表面吸附层分子相互作用由弱到强过程。对于高浓度表面活性剂，表面活性剂分子在界面层达到饱和吸附后形成聚集体，这种聚集体之间的相互作用力是较弱的，扩张模量相对较低。当振荡持续一段时间后，界面层可能存在三种聚集体：表面活性剂分子之间的聚集体，表面活性剂分子吸附在冻胶分散体颗粒表面形成的聚集体，冻胶分散体颗粒之间形成的聚集体。这三种聚集体之间的相互作用导致扩张模量的增加。

2.冻胶分散体浓度对软体非均相复合驱替体系扩张模量影响

图 5-34 给出了不同冻胶分散体浓度下软体非均相复合驱替体系的扩张模量随振荡频率的变化趋势。扩张模量随着振荡频率增加而增加，且冻胶分散体浓度越高，扩张模量越低。对于低浓度冻胶分散体，绝大多数的表面活性剂分子吸附在界面层，增强了界面活性，使得界面层的扩张模量增大。但冻胶分散体浓度增加时，表面活性剂吸附在颗粒表面，降低了其在界面层的吸附量。此外，冻胶分散体颗粒的少量疏水基团使其吸附在油水界面，随着体相中冻胶分散体浓度增加，界面与体相中颗粒交换增大，吸附在界面的颗粒聚集体占据了界面层吸附位，进一步降低了表面活性剂分子在界面层吸附。因此，软体非均相复合驱替体系扩张模量随着冻胶分散体浓度增加而降低。

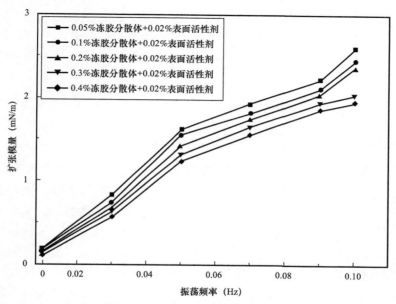

图 5-34　冻胶分散体浓度对软体非均相复合驱替体系扩张模量的影响

3.老化时间对软体非均相复合驱替体系动态表面扩张模量影响

当软体非均相复合驱替体系老化后，界面吸附层的分子取向、重排、聚集等过程可能会影响界面层性质，进而影响吸附层分子行为和界面膜状态。因此，实验测定了老化时间对软体非均相复合驱替体系（0.1% 冻胶分散体 +0.02% 表面活性剂）扩张模量的影响，实验结果如图 5-35 所示。由图可知，随着老化时间增加，软体非均相复合驱替体系的扩张模量逐渐降低，老化 25d 后，扩张模量基本不再改变。软体非均相复合驱替体系老化前均匀分散在溶液中并在界面层形成稳定吸附膜，因此，扩张模量较高。持续老化后，表面活性剂分子活性降低，并从界面层解吸附，降低了界面层分子活性，导致扩张模量下降。此外，吸附了表面活性剂分子的冻胶分散体颗粒热运动加剧，导致颗粒相互聚集，使液相内部体系组分浓度降低，界面层分子由界面层逐渐迁移到液相内部，界面层分子吸附量减小，使得界面层分子之间相互作用减弱，扩张模量降低。

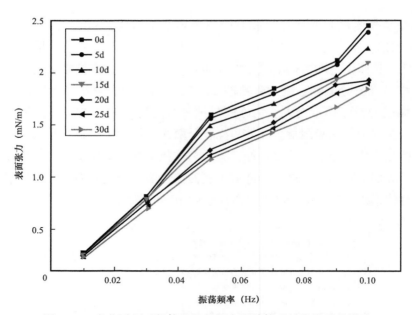

图 5-35　老化时间对软体非均相复合驱替体系扩张模量的影响

（四）软体非均相复合驱替体系在界面层行为探讨

基于界面扩张流变仪的实验结果，对软体非均相复合驱替体系界面吸附行为进行了探讨（图 5-36）。软体非均相复合驱替体系与原油接触后，经过扩散、优先吸附、大分子重排、聚集等行为，在界面形成黏弹性吸附膜。当油相和水相接触时，水相中的复合驱替体系向油水界面层扩散，扩散速度与黏度、物质浓度、分子量有关。从软体非均相复合驱替体系的动态界面张力和扩张模量分析，小分子表面活性剂优先在油水界面富集，形成活性吸附膜。受氢键、色散力、疏水基团等影响，表面活性剂分子也会吸附在冻胶分散体颗粒表面，改变颗粒表面性质，使其更易于吸附在油水界面。当浓度增加时，油水界面与体相中表面活性剂、冻胶分散体的交换增大，最终在界面达到动态平衡，形成了黏弹性界面膜。在此平衡状态下，软体非均相复合驱替体系在界面层重排形成了三种聚集体：表面活性剂分子之间的聚集体，吸附了表面活性剂的冻胶分散体的聚集体，冻胶分散体颗粒之间形成的聚集体。这三种聚集体之间的相互作用高于单一表面活性剂分子或冻胶分散体颗粒聚集体的相互作用，表现为界面层扩张模量增加。动态界面张力和扩张模量反映了复合驱替体系之间相互作用力由弱到强微观变化，当复合驱替体系界面浓度较低时，体相与界面层的扩散过程处于主导地位，当界面浓度较高时，大分子重排占据主导地位。非均相复合驱替体系在界面层形成的吸附膜有助于降低油水界面张力，并增强形成乳状液稳定性，使得复合驱替体系的波及和洗油能力增加。

（五）软体非均相复合驱替体系的作用力特征研究

作用力特征分析主要从范德华力（色散力、诱导力、取向力）、疏水作用、静电力、氢键等方面分析冻胶分散体、软体非均相复合驱替体系与不同润湿性储层表面、冻胶分散

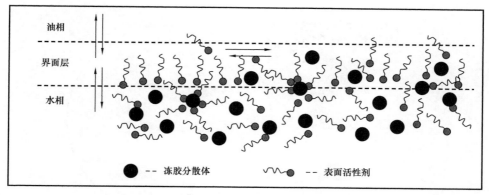

图 5-36 软体非均相复合驱替体系界面吸附行为示意图

体颗粒之间及非均相复合驱替体系之间的作用特征。国内外科研人员主要采用流变仪、原子力扫描电镜、表面力仪研究作用力的特征。通过流变仪测定应力变化曲线，可以推知颗粒在溶液中的共存状态，但一般适用于非牛顿流体；原子力扫描电镜一般适合测定粒径为 $10 \sim 50 \mu m$ 颗粒作用力的特征，且要求颗粒表面光滑；表面力仪[10-13]是相对精确测定作用力的设备，要求样品在云母上的粗糙度小于 5nm，对制样要求较高。本实验采用自主搭建的表面力仪（surface force apparatus，SFA）直接测定上述体系的相互作用力，并借助对非均相复合驱替体系官能团分析，明确驱替体系之间作用力类型。由于地层岩石表面带负电，但岩层表面粗糙，考虑到实验可操作性，采用云母代替地层岩石表面探讨非均相复合驱替体系之间的相互作用力类型。

1. 作用力测定原理

SFA 设备主要由光谱仪、显微物镜、压电晶体、弹簧调节杆、测力弹簧片、上下调节杆、主支撑架、刚性双悬臂弹簧、光源、马达等组成。SFA 测定原理如图 5-37 所示，具体测定原理为：当两个样品表面相互靠近到一定范围时，二者之间将会有作用力出现，当两个样品表面离开时，二者之间也将会有作用力出现，从而引起测力弹簧片的形变，形变程度则是样品作用力大小反映。样品表面相互靠近距离则通过光的干涉条纹测定。实验测量过程中，光源垂直穿过样品表面，并在镀银片之间的样品表面发生光的干涉，通过分析干涉条纹即可得到两个样品表面的距离信息。测量过程中压电晶体所引起的样品位置变化与实际变化间的差别为弹簧形变度量，通过标定弹簧的弹性系数则可得到样品表面间分子作用力的大小。SFA 对样品距离的分辨率为 0.1nm，力的检测灵敏度可达 $10^{-8}N$。

2. 作用力测定方案设计

由于冻胶分散体是由本体冻胶经物理剪切制得，不涉及化学反应，冻胶分散体颗粒的化学组成与本体冻胶一致。鉴于 SFA 测力要求，本实验通过测定本体冻胶相互作用进行冻胶分散体作用力特征分析；在本体冻胶成胶液中加入表面活性剂制得软体非均相复合驱替体系，分析软体非均相复合驱替体系的作用力特征。实验设计两种方案测定了冻胶分散体颗粒、软体非均相复合驱替体系之间的相互作用力。具体实验方案：

方案一：对于冻胶分散体系的相互作用力，一是测定吸附了冻胶膜的云母片与不同润

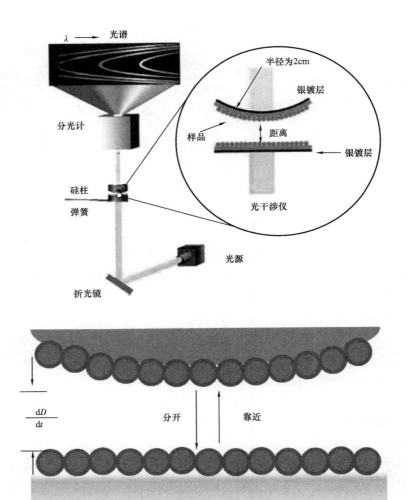

图 5-37 表面力仪测定原理示意图[14]

湿性镀银云母片的作用力；二是测定均形成了冻胶膜镀银云母片之间的作用力；

方案二：对于软体非均相复合驱替体系的相互作用力，一是测定吸附了非均相复合驱替体系膜的云母片与不同润湿性镀银云母片的作用力；二是测定均形成了软体非均相复合驱替体系膜的镀银云母片之间的作用力。

通过上述两种实验方案，结合本体冻胶、非均相复合驱替体系的结构性质来明确作用力特征。采用十八烷基三氯硅烷（OTS）对云母表面进行改性，获得强亲水，中等亲水、弱亲油三种不同润湿性的云母用来模拟不同驱油阶段岩心表面状态。三种云母接触角如图 5-38 所示。

3. 软体非均相复合驱替体系结构分析

1）云母片

由于本体冻胶与软体非均相复合驱替体系均能够在云母表面吸附，云母表面性质直接决定了本体冻胶和软体非均相复合驱替体系在其表面的吸附能力。云母是含锂、钠、钾、

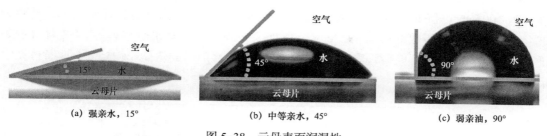

(a) 强亲水, 15°   (b) 中等亲水, 45°   (c) 弱亲油, 90°

图 5-38 云母表面润湿性

镁等金属元素并具有层状结构的含水铝硅酸盐族矿物总称, 分子式为 $Al_2K_2O_6Si$, 是 2 层硅氧四面体夹着 1 层铝氧八面体构成的复式硅氧层, 云母片晶体结构示意图如图 5-39 所示。云母为片层结构, 钾离子桥联相邻的羟基层和硅氧离子层, 当将其剥离时, 云母层在钾离子处断开。新剥离云母片由于存在多余的羟基, 表面带负电荷。

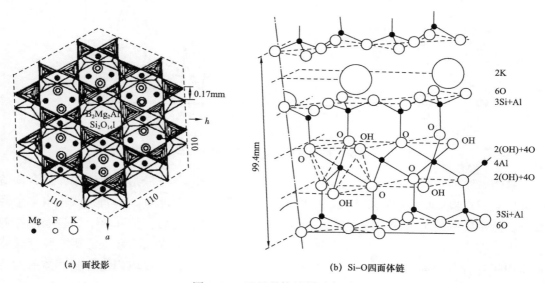

(a) 面投影   (b) Si-O四面体链

图 5-39 云母晶体结构示意图

2）本体冻胶与软体非均相复合驱替体系结构特征分析

为了分析软体非均相复合驱替体系间的作用力特征, 首先对结构特征进行了红外分析。实验通过测定本体冻胶结构来表征冻胶分散体结构。为了明确软体非均相复合驱替体系之间的相互作用力特征, 实验通过测定本体冻胶和加入表面活性剂后的本体冻胶进行作用力分析。

对于本体冻胶体系：将已成冻本体冻胶（0.3% 聚合物 +0.6% 交联剂）, -20℃真空干燥 96h, 研磨粉碎后放入干燥器内备用。

对于软体非均相复合驱替体系：在成胶液（0.3% 聚合物 +0.6% 交联剂）中加入 0.1% 表面活性剂, 待成冻后将其 -20℃真空干燥 96h, 研磨粉碎后放入干燥器内备用。

本体冻胶与非均相复合驱替体系红外实验结果如图 5-40 所示, 可以看出, 两种体系 3348cm^{-1} 处的振动吸收峰为—OH 红外特征吸收峰。通过比较可以发现, 本体冻胶在波数为 1006cm^{-1} 处的红外特征吸收峰移至 1020cm^{-1} 处，为磺酸基的特征吸收带，波数为 2944cm^{-1} 处的特征吸收峰移至 2922cm^{-1}，此处为碳链 C—H 振动吸收峰。由于本体冻胶表面带有羟基，表面带负电荷，当本体冻胶加入表面活性剂形成软体非均相复合驱替体系之后，特征峰基本无变化。

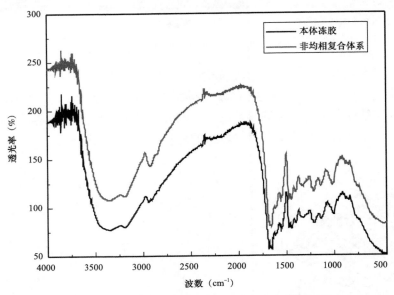

图 5-40　本体冻胶与软体非均相复合驱替体系红外谱图

　　本体冻胶的结构示意图如图 5-41 所示，由图可知，本体冻胶形成过程中，聚合物酰胺基与酚醛树脂交联剂羧基发生交联反应形成结构致密本体冻胶。本体冻胶表面有多余羟基，表面带负电荷。当加入甜菜碱表面活性剂（图 5-42）之后，带强负电的表面活性剂分子吸附在本体冻胶表面，增强了表面的负电性。Zeta 电位测试结果也证实冻胶分散体和非均相复合驱替体系带负电，表面活性剂的加入增强了软体非均相复合驱替体系的负电性。

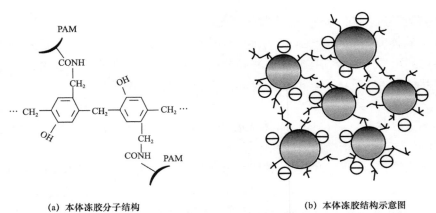

(a) 本体冻胶分子结构　　　　　　　　　(b) 本体冻胶结构示意图

图 5-41　本体冻胶结构分析

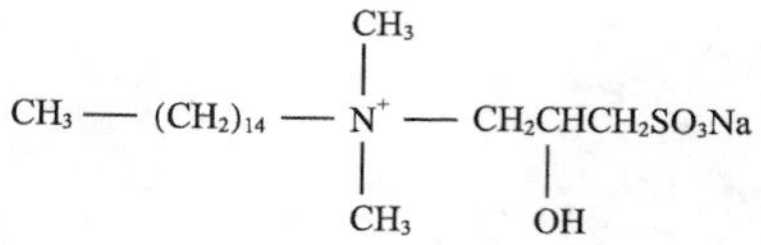

$$CH_3 - (CH_2)_{14} - \overset{\overset{\displaystyle CH_3}{|}}{\underset{\underset{\displaystyle CH_3}{|}}{N^+}} - CH_2CHCH_2SO_3Na$$

图 5-42　磺基甜菜碱表面活性剂分子结构式

4. 软体非均相复合驱替体系吸附膜粗糙度分析

采用 SFA 表面力仪进行作用力特征分析，要求吸附膜粗糙度小于 5nm。因此，实验首先采用原子力扫描电镜对云母表面的本体冻胶膜及加入表面活性剂后本体冻胶膜的粗糙度进行了分析。60℃条件下，将云母片分别浸泡在本体冻胶成胶液（0.3% 聚合物 +0.6% 交联剂）、软体非均相复合驱替体系（0.3% 聚合物 +0.6% 交联剂 +0.1% 表面活性剂）溶液中，分别老化 12h 和 24h 形成吸附膜，取出用氮气吹干表面待测，实验结果见表 5-5 和如图 5-43 所示。

表 5-5　冻胶分散体和软体非均相复合驱替体系形成的吸附膜粗糙度

序号	体系	温度（℃）	反应时间（h）	扫描范围	粗糙度（nm）
A	冻胶分散体	25	10	500nm×500nm	0.43
a	冻胶分散体	60	10	500nm×500nm	0.19
B	软体非均相复合驱替体系	25	10	1μm×1μm	0.61
b	软体非均相复合驱替体系	60	10	1μm×1μm	0.22

由表 5-5 和图 5-43 可知，冻胶分散体与软体非均相复合驱替体系在云母片表面均能够较好吸附，吸附时间越长，形成的吸附膜越厚，吸附膜越粗糙，但两种体系最终形成吸附膜的粗糙度均小于 5nm，表明该方法制备的吸附膜可以用于作用力测定。考虑到镀银云母片易氧化和吸附膜的厚度、粗糙度等因素，两种体系的吸附时间设定 24h，反应温度设定 60℃。

5. 冻胶分散体作用力特征分析

1）冻胶分散体与强亲水表面作用力分析

实验分别测定了三种不同盐浓度条件下冻胶分散体与强亲水云母表面的相互作用力，结果如图 5-44 所示。由图可知，吸附了冻胶分散体的云母片在马达带动下缓慢向强亲水云母片表面靠近，当两表面距离大于 72nm 时二者之间没有作用力，当两表面距离 72nm 时开始出现斥力作用，可能由于冻胶网状结构舒展链引起的空间位阻（steric repulsion）效应，随着两表面进一步靠近，位阻斥力不断增大，直至达到一个临界点（hard wall），即两表面间距离基本不变（约 12nm），说明此时吸附在云母表面的冻胶分散体已经被压至最紧实状态。此时，反方向调节马达使两表面分开（红线），两表面间距离缓慢增大，位阻斥力不断减小。随着两表面进一步分开，两表面之间开始出现引力作用，当二者间距超过

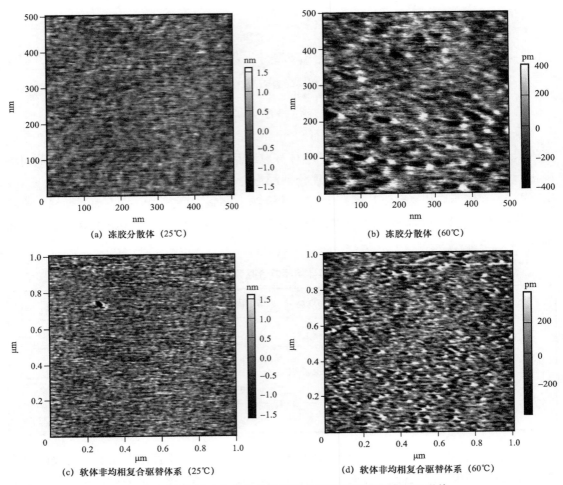

(a) 冻胶分散体（25℃）

(b) 冻胶分散体（60℃）

(c) 软体非均相复合驱替体系（25℃）

(d) 软体非均相复合驱替体系（60℃）

图 5-43　本体冻胶与软体非均相复合驱替体系吸附膜微观形貌

72nm 之后，相互作用力消失。两表面分离过程中，产生的引力作用是相对较弱的。由于吸附了冻胶分散体的云母表面和未吸附的云母表面均带负电，二者产生静电斥力作用，但同时两表面均具有羟基，使得两表面分离过程中氢键产生的引力作用大于静电斥力产生的排斥作用。因此，两表面分开过程中有引力作用出现。由图 5-44 还可知，当盐浓度增加，两表面靠近时，对冻胶分散体的压实能力越强。由于盐离子的加入，会对冻胶分散体结构产生压缩作用，使得两表面靠近时的距离较近。当盐离子浓度达到 100mmol 时，两表面靠近和拉开的曲线不完全重合，可能由于两表面在靠近过程中，部分冻胶分散体分子黏附在强亲水表面，分开表面过程中造成了分子链扯断，两曲线不完全重合。

　　2）冻胶分散体与中等亲水表面作用力分析

　　实验分别测定了三种不同盐浓度条件下冻胶分散体与中等亲水云母表面的相互作用力，结果如图 5-45 所示。可知，三种盐浓度条件下，两表面在靠近和分开的过程中均无引力作用出现，均表现为斥力作用。产生这种现象的原因有三方面：（1）吸附了冻胶分散

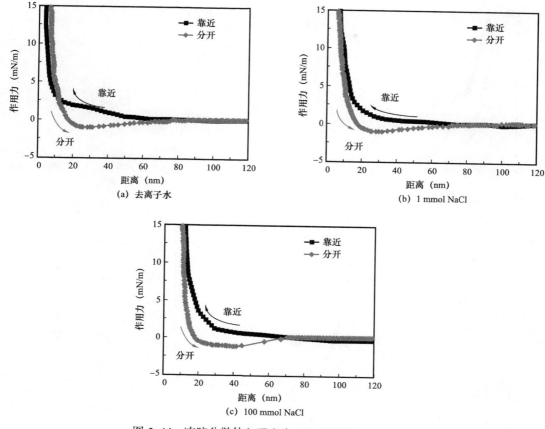

图 5-44　冻胶分散体与强亲水云母表面的相互作用力

体的云母表面和中等亲水云母表面均带负电性，二者在靠近或分开的过程中均会产生斥力作用；（2）冻胶分散体舒展链引起的空间位阻（steric repulsion）效应，随着两表面的进一步靠近，位阻斥力不断增大；（3）中等亲水表面吸附了含甲基（—CH₃）基团的 OTS，在云母表面形成典型的疏水基团，而云母表面的冻胶分散体体系含有大量亲水基团，当两表面靠近或分离时也会产生斥力作用。两表面静电斥力和疏水作用产生的斥力作用大于两表面氢键产生的引力作用。此外，盐离子加入也会减弱两表面之间的氢键作用。因此，两表面在分开过程中始终表现为斥力作用。由图 5-45 还可知，三种不同盐浓度条件下吸附了冻胶分散体的云母表面靠近中等亲水云母表面的临界点（hard wall）距离依次为 19nm、13nm、11nm，表明盐离子加入会对冻胶分散体的结构产生一定压缩作用，使得两表面更易靠近。

　　3）冻胶分散体与弱亲油表面作用力分析

　　实验分别测定了三种不同盐浓度条件下冻胶分散体与弱亲油云母表面的相互作用力，结果如图 5-46 所示。可知，三种盐浓度条件下，两表面在靠近和分开的过程中均无引力作用，受空间位阻效应、静电斥力影响，两表面始终表现为斥力作用。当云母表面由中等

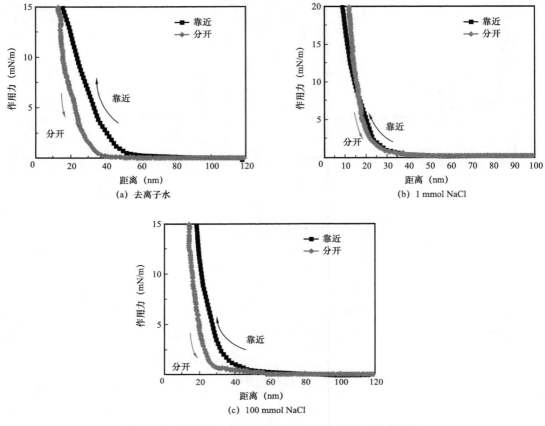

图 5-45 冻胶分散体与中等亲水云母表面的相互作用力

亲水向亲油转变时，OTS 在云母表面大量吸附，形成定向排列，使得云母表面具有较多疏水基团，进一步加剧了两表面的斥力作用。

4）冻胶分散体与冻胶分散体作用力分析

实验分别测定了三种不同盐浓度条件下冻胶分散体之间相互作用力，结果如图 5-47 所示。可知，吸附了冻胶分散体的两云母片在靠近和分开过程中均表现为斥力作用。尽管两表面均吸附了冻胶分散体体系，两表面之间会产生相互吸引的氢键作用，但由于两云母表面均吸附了带负电荷的冻胶分散体，强化了云母表面的负电性，使得静电作用产生的斥力作用强于氢键作用带来的引力作用。由图 5-47 还进一步可知，三种不同盐浓度条件下，两表面在靠近和分开时曲线不重合，表明空间位阻效应仍存在。

由上述实验分析可知，冻胶分散体与强亲水表面的相互作用力以氢键为主，表现为引力作用；随着云母表面由强亲水向弱亲油转变，静电作用占据主导作用，表现为斥力作用；当云母表面均吸附了冻胶分散体，两表面分开过程中的斥力作用明显高于冻胶分散体与不同润湿云母表面的斥力作用，表明静电斥力作用在均吸附了冻胶分散体的云母表面占据主导作用。空间位阻效应在不同实验条件下均存在，该效应进一步增强了两表面的

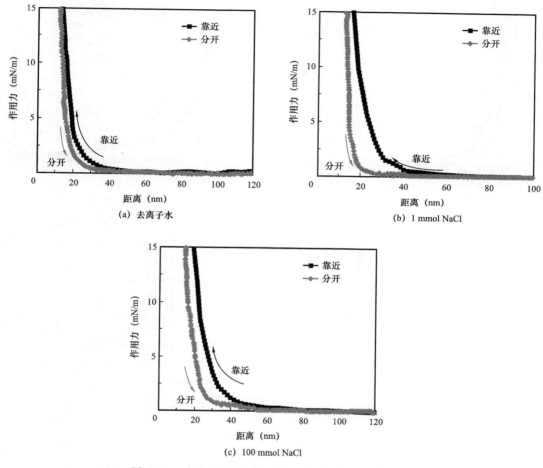

(a) 去离子水

(b) 1 mmol NaCl

(c) 100 mmol NaCl

图 5-46　冻胶分散体与弱亲油云母表面的相互作用力

斥力作用。

6. 软体非均相复合驱替体系作用力特征分析

1）软体非均相复合驱替体系与强亲水表面作用力分析

图 5-48 给出了软体非均相复合驱替体系与强亲水表面的相互作用力。由图可知，软体非均相复合驱替体系与强亲水云母表面靠近或分开时，均表现为斥力作用，无引力作用出现。结合图 5-44 分析可知，氢键是导致冻胶分散体与强亲水表面引力作用的主要原因。当加入强负电荷的表面活性剂之后，表面活性剂分子通过氢键、范德华力和疏水作用吸附在冻胶分散体表面，增强了非均相复合驱替体系的负电性。加入表面活性剂引起的斥力作用强于氢键引起的单一冻胶分散体与强亲水表面的引力作用，使得非均相复合驱替体系与强亲水表面靠近或分开时呈现斥力作用。空间位阻效应存在进一步加剧了两表面之间的斥力作用。当加入盐离子之后，盐离子能够中和非均相复合驱替体系的负电荷，降低了静电斥力作用，同时，加入盐离子也会减弱两表面之间的氢键作用，二者加和效应使得两表面在较远距离出现斥力作用。

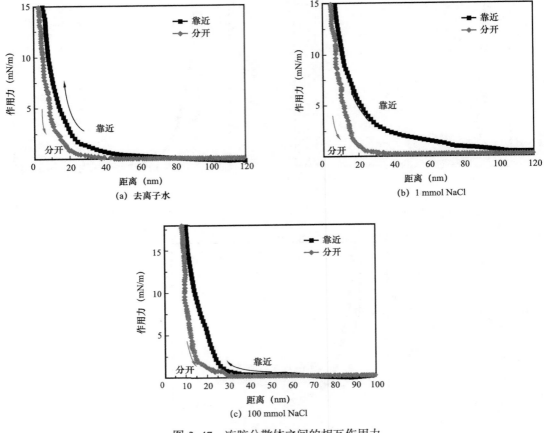

图 5-47　冻胶分散体之间的相互作用力

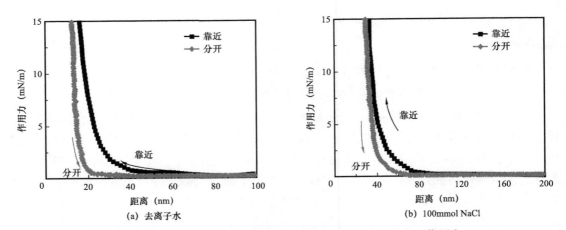

图 5-48　软体非均相复合驱替体系与强亲水云母表面的相互作用力

2）软体非均相复合驱替体系与中等亲水表面作用力分析

改变云母表面润湿性，使云母表面由强亲水向中等亲水表面转变，分析了非均相复合驱替体系与中等亲水表面的相互作用力特征，实验结果如图 5-49 所示。

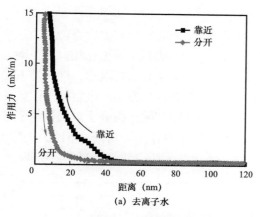
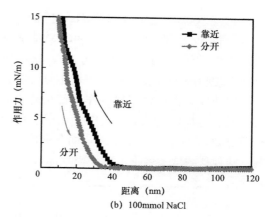

(a) 去离子水　　　　　　　　　　　　　　　(b) 100mmol NaCl

图 5-49　软体非均相复合驱替体系与中等亲水云母表面的相互作用力

由图 5-49 可知，两表面在靠近与分开的过程中均是斥力作用，且两表面在去离子水中的斥力作用明显高于在盐溶液中的斥力作用。由于强亲水云母表面向中等亲水表面转变时，OTS 在表面吸附，形成了大量带疏水作用的基团。当两表面靠近时，进一步增加了两表面的斥力作用，叠加静电作用与空间位阻效应带来的斥力作用，使得吸附了非均相复合驱替体系与中等亲水表面的斥力作用明显高于吸附了非均相复合驱替体系与强亲水表面的斥力作用。

3）软体非均相复合驱替体系与弱亲油表面作用力分析

实验进一步分析了软体非均相复合驱替体系与弱亲油表面的相互作用力特征，实验结果如图 5-50 所示。由图可知，两表面在靠近和分开过程中均表现为斥力作用，且两表面在去离子水中的斥力作用明显高于在盐溶液中的斥力作用。软体非均相复合驱替体系与弱亲油表面的斥力作用明显高于软体非均相复合驱替体系与强亲水、中等亲水表面的斥力作用。云母表面亲油性越强，吸附了 OTS 云母表面的疏水作用越强，加剧了该表面与软体非均相复合驱替体系的斥力作用。由图 5-50 还可知，两种盐浓度条件下，两表面在靠近过程中存在空间位阻效应，该位阻效应进一步增加了两表面的斥力作用。

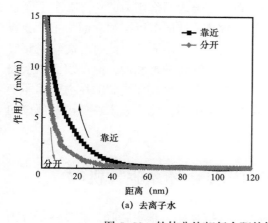
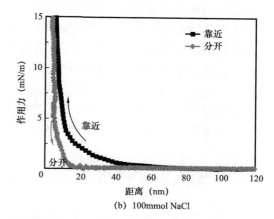

(a) 去离子水　　　　　　　　　　　　　　　(b) 100mmol NaCl

图 5-50　软体非均相复合驱替体系与弱亲油云母表面的相互作用力

4）软体非均相复合驱替体系之间相互作用力分析

实验分析了两种盐浓度条件下软体非均相复合驱替体系之间的相互作用力特征，结果如图 5-51 所示。由图可知，两云母片在靠近和分开的过程中均表现为斥力作用。由于两云母表面均吸附了带负电荷的非均相复合驱替体系，强化了云母表面的负电性，使得静电作用产生的斥力作用强于氢键作用带来的引力作用。两表面在靠近过程中产生空间位阻效应的临界点距离约为 2nm，可能是由于云母两表面均吸附的冻胶分散体高分子舒展链易于被压缩导致。因此，当云母两表面分开时，在较短距离出现斥力作用。由图 5-51 进一步可知，两种盐浓度条件下，两表面在靠近和分开时曲线不重合，表明空间位阻效应仍存在。

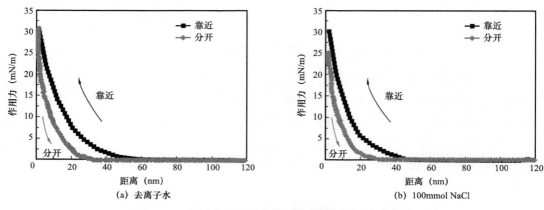

(a) 去离子水　　　　　　　　　　　　　　　(b) 100mmol NaCl

图 5-51　软体非均相复合驱替体系之间的相互作用力

上述结果表明软体非均相复合驱替体系与不同润湿性云母表面的相互作用力均是斥力作用，空间位阻效应在不同实验条件下均存在，该效应进一步增强了两表面的斥力作用。表面活性剂的加入强化了软体非均相复合驱替体系负电性，使得软体非均相复合驱替体系与不同润湿性云母表面的斥力作用明显强于冻胶分散体与不同润湿云母表面的斥力作用。无机盐的加入会中和两表面的电性，使得软体非均相复合驱替体系与不同润湿性云母表面的斥力作用降低。随着云母表面由强亲水向弱亲油转变，软体非均相复合驱替体系与云母表面的斥力作用逐渐增强。软体非均相复合驱替体系与云母表面作用力的特点有利于复合驱替体系对储层的调控。油藏开发初期，含油饱和度较高，储层多以亲油表面为主。随着油藏持续开发，位于高渗透区域原油逐渐被驱出，储层趋于非均质性。此时，高渗透储层表面由亲油向亲水性转变，而中低渗透储层表面仍含有较高含油饱和度，储层表面以亲油为主。当注入软体非均相复合驱替体系时，复合驱替体系在亲水表面受到的斥力作用弱于在亲油表面的斥力作用，复合驱替体系在高渗透部位的吸附滞留能力强于在低渗透部位的吸附滞留能力，提高了微观调控能力。

第五节　冻胶分散体软体非均相复合体系驱替机理

冻胶分散体软体非均相复合驱替体系具有耐高温、抗高盐、聚集膨胀，高效降低界面张力等特点，在油田具有应用潜能。要充分发挥软体非均相复合驱替体系的驱替作用，必须对其驱替作用机理进行探究。本节从软体非均相复合驱替体系在多孔介质中的色谱分离效应、储层调控能力及微观驱油机理方面进行探究，以揭示其驱替机理。

一、软体非均相复合驱替体系的色谱分离效应研究

当软体非均相复合驱替体系在多孔介质中运移时，会发生不同程度的色谱分离现象，对其驱替效果产生影响。当软体非均相复合驱替体系通过岩心模型时，若发生色谱分离现象，岩心出口端表现为各组成成分具有不同的产出浓度规律。

（一）测试方法及步骤

本研究采用无量纲突破时间和无量纲等浓距表征复合驱替体系的色谱分离程度[15-17]。

无量纲突破时间定义为：在岩心驱替模型出口端最早检测到软体非均相复合驱替体系各成分出现时的注入孔隙体积倍数。若无量纲突破时间不同，则表明复合驱替体系各成分存在色谱分离效应。

无量纲等浓距定义为：软体非均相复合驱替体系各成分在岩心驱替模型前缘达到统一相对浓度时注入孔隙体积倍数的差值。若软体非均相复合驱替体系中各成分初始注入浓度 C_0，某一时刻产出端的浓度 C_i，则相对浓度为 C_i/C_0。复合驱替体系各成分的相对浓度通常取 0.5，若相对浓度未达到该值，可适当降低该选值。无量纲等浓距越大，表明复合驱替体系色谱分离程度越明显。

本研究以柱状岩心为模型，通过紫外分光光谱法探讨软体非均相复合驱替体系驱替过程中的色谱分离现象，实验主要从冻胶分散体浓度、地层渗透率对软体非均相复合驱替体系的色谱分离效应影响进行了研究。其中柱状岩心规格为长 8cm×直径 2.5cm，具体实验步骤为：

（1）柱状岩心抽提，90℃下烘干 10h，称干重；

（2）岩心饱和水，称湿重，计算孔隙体积和岩心渗透率；

（3）水驱岩心至压力稳定，以 0.2mL/min 泵速连续注入非均相复合驱替体系（0.1% 冻胶分散体 +0.1% 表面活性剂），定体积收集产出液，检测产出端各成分浓度，直至岩心产出端各成分浓度稳定；

（4）将上述岩心老化 5d 后，继续水驱，定体积收集流出液，检测岩心产出端各成分浓度，直至产出液浓度稳定。

（二）冻胶分散体浓度影响

固定表面活性剂的浓度 0.1%，考察冻胶分散体浓度对软体非均相复合驱替体系色谱分离效应的影响，实验结果见表 5-6、图 5-52 至图 5-54。分析可知，当软体非均相复合驱替体系在岩心多孔介质中运移时，冻胶分散体和表面活性剂的无量纲突破时间不同，冻胶分散体的无量纲突破时间均小于表面活性剂的无量纲突破时间，表明软体非均相复合驱替体系各成分之间存在色谱分离现象。当非均相复合驱替体系各成分的相对浓度达到 0.5

时，不同浓度冻胶分散体形成的非均相复合驱替体系无量纲等浓距不同，冻胶分散体浓度越低，无量纲等浓度越大，表明色谱分离效应越严重。由于冻胶分散体浓度越高，吸附在冻胶分散体颗粒表面活性剂分子越多，表面活性剂越不易产出。

表 5-6　冻胶分散体浓度对软体非均相复合驱替体系色谱分离效应的影响

注入方案	岩心渗透率（D）	无量纲突破时间		C/C_0=0.5 时的注入孔隙体积		无量纲等浓距
		t_{DPG}	$t_{surfactant}$	冻胶分散体	表面活性剂	
500	1.104	0.365	0.669	1.346	1.709	0.363
1000	1.030	0.418	0.596	1.403	1.668	0.265
2000	1.134	0.313	0.518	1.225	1.487	0.264

图 5-52 至图 5-54 给出了软体非均相复合驱替体系老化后续水驱阶段各成分产出浓度变化。分析可知，由于软体非均相复合驱替体系色谱分离现象的存在，产出端冻胶分散体颗粒浓度随着注入量增加迅速增大，直至达到平衡稳定，而表面活性剂在达到无量纲突破时间时，产出端浓度也会迅速增加至平衡稳定值。可知，表面活性剂产出端浓度达到稳定值的时间高于冻胶分散体产出端浓度达到稳定值的时间。由于软体非均相复合驱替体系中的表面活性剂在多孔介质中运移时，流经的孔隙体积和路程较冻胶分散体要长，因此后续水驱过程中，产出端浓度达到平衡的时间较长。这种现象对软体非均相复合驱替是有利的，表面活性剂分子进入低渗透部位或冻胶分散体颗粒不可及的孔隙，并在岩石颗粒表面吸附，通过改变岩石表面的润湿性，将原油剥离下来，提高原油采收率。

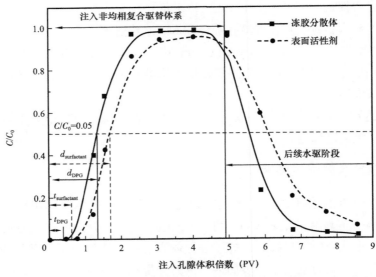

图 5-52　冻胶分散体浓度对软体非均相复合驱替体系色谱分离效应的影响（500mg/L）

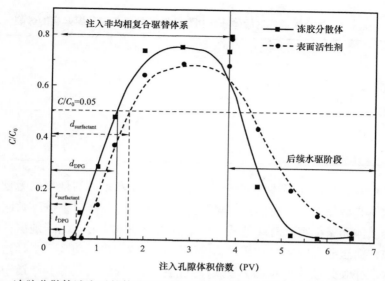

图 5-53 冻胶分散体浓度对软体非均相复合驱替体系色谱分离效应的影响（1000mg/L）

（三）渗透率影响

软体非均相复合驱替体系在不同渗透率岩心中的运移行为不同，若岩心渗透率过大，则对储层高渗透部位难以调控，产出较多；若岩心渗透率过小，则存在注入困难。因此，实验考察了 3 种不同岩心渗透率条件下软体非均相复合驱替体系色谱分离效应。其中软体非均相复合驱替体系的配方为 0.1% 冻胶分散体 +0.1% 表面活性剂，实验结果见表 5-7，如图 5-53、图 5-55 和图 5-56 所示。

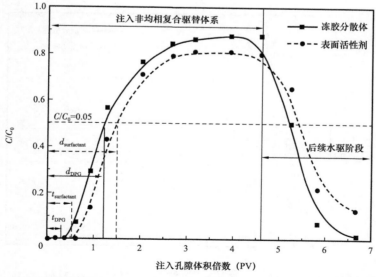

图 5-54 冻胶分散体浓度对软体非均相复合驱替体系色谱分离效应的影响（2000mg/L）

表5-7 岩心渗透率对软体非均相复合驱替体系色谱分离效应的影响

岩心渗透率（D）	无量纲突破时间		C/C_0=0.5 时的注入孔隙体积		无量纲等浓距
	t_{DPG}	$t_{surfactant}$	冻胶分散体	表面活性剂	
0.42	0.300	0.542	1.293	1.504	0.211
1.03	0.418	0.596	1.403	1.668	0.265
1.65	0.538	0.908	1.597	1.982	0.385

由表5-7可知，不同岩心渗透率条件下冻胶分散体和表面活性剂的无量纲突破时间均不同，表明软体非均相复合驱替体系在多孔介质中运移时存在色谱分离效应。岩心渗透率越高，冻胶分散体无量纲突破时间越长，色谱分离效应越明显。由于地层存在众多不同尺度分布的孔隙，而这些孔隙中存在相当多的不可及孔隙。当孔隙喉道半径远小于冻胶分散体颗粒半径时，冻胶分散体颗粒无法进入，只能在相对较大的孔隙和喉道中流动，因而流经的孔隙体积最少，到达出口时走的路程最短。但小分子表面活性剂分子直径较小，几乎可以进入所有孔隙，流经路径最多，到达出口时走的路程最长。流经路程和孔隙体积的不同导致复合驱替体系组成成分的差速运移，使得二者组成成分在岩心产出端的无量纲突破时间不同。

图5-55和图5-56给出了软体非均相复合驱替体系后续水驱阶段各成分产出浓度的变化。分析可知，复合驱替体系中表面活性剂产出端浓度达到稳定值的时间高于冻胶分散体产出端浓度到达稳定值的时间，且岩心渗透率越低，表面活性剂产出端浓度达到稳定值的时间越长。岩心渗透率越低，表面活性剂在岩心中流经的孔隙体积和路程越长，因此后续水驱过程中，产出端浓度达到平衡的时间较长。

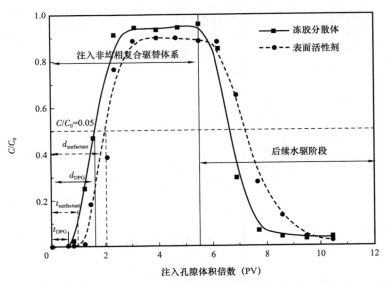

图5-55 岩心渗透率对非均相复合驱替体系色谱分离效应的影响（K=0.42D）

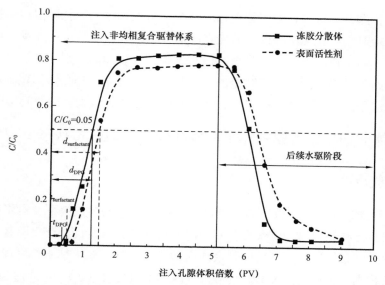

图 5-56　岩心渗透率对软体非均相复合驱替体系色谱分离效应的影响（*K*=1.65D）

上述结果表明软体非均相复合驱替体系存在色谱分离效应，但相对于聚合物／表面活性剂二元复合驱油体系或聚合物／表面活性剂／碱三元复合驱油体系[18-19]，非均相复合驱替的色谱分离效应是相对不明显的，这对其驱替效果是有利的。非均相复合驱替体系在岩心多孔介质中运移时，产生色谱分离现象的原因主要有三种：竞争吸附，滞留损失，多路径位移。

（1）竞争吸附。

吸附是软体非均相复合驱替体系在多孔介质中的一个重要物理化学现象。岩石颗粒表面是带负电的，而复合驱替体系中的冻胶分散体颗粒和表面活性剂均带负电，两者之间产生静电斥力作用，降低了复合驱替体系在岩石颗粒表面的附着能力。但氢键和疏水作用等作用力的存在使得部分冻胶分散体颗粒和表面活性剂吸附在岩石颗粒表面，该作用将会影响复合驱替体系各成分的运移速度。由于非均相复合驱替体系各成分电性大小、黏度、粒径等性质不同，导致冻胶分散体和表面活性剂在岩石颗粒表面的吸附能力不同，进而产生竞争吸附，使得二者在多孔介质中产生差速运移。宏观上表现为岩心产出端复合驱替体系各成分产出浓度的无量纲突破时间不同，产生色谱分离现象。

（2）滞留损失。

滞留损失是造成软体非均相复合驱替体系色谱分离现象的一个重要原因。当复合驱替体系在多孔介质中运移时，若孔隙喉道半径小于冻胶分散体颗粒半径，则对孔隙喉道直接封堵；若孔隙喉道半径大于冻胶分散体颗粒半径，则通过多个颗粒架桥形式对孔隙喉道进行封堵。这两种形式的封堵均会导致冻胶分散体颗粒在孔隙喉道处滞留，使得冻胶分散体与表面活性剂在运移过程中分离，引起二者之间的差速运移。

（3）多路径位移。

多路径位移是造成软体非均相复合驱替体系色谱分离最主要的因素。地层存在众多不同尺度分布的孔隙，而这些孔隙中存在相当多的不可入孔隙。当孔隙喉道半径远小于冻胶分散体颗粒半径时，颗粒无法进入，只能在相对较大的孔隙和喉道中流动，因而流经的孔隙体积最少，到达出口时走的路程最短。但对于小分子表面活性剂，几乎可以进入所有的孔隙，流经的路程最多，到达出口时走的路程最长。流经路程和孔隙体积的不同导致复合驱替体系组成成分的差速运移，使得二者在岩心产出端的无量纲突破时间不同。

二、软体非均相复合驱替体系在多孔介质中的分布状态

（一）实验原理

利用 CT 扫描技术，在不改变岩心外部形态和内部结构的前提下，对不同驱替阶段的岩心微观孔隙进行动态扫描，观察驱替液的渗流状态及分布特征，获得驱替过程中岩心内部流体饱和度的分布信息，直观反应剩余油启动能力，进而揭示其驱替机理。基于射线线性衰减特点，根据扫描得到的 CT 值，可以计算岩心孔隙度（ϕ）、含油饱和度（S_o）及含水饱和度（S_w），

岩心孔隙度：

$$\phi = \frac{CT_2 - CT_1}{CT_w - CT_a} \tag{5-6}$$

含油饱和度：

$$S_o = \left(\frac{CT_1 - CT_i}{CT_w - CT_o} \times \frac{CT_w - CT_a}{CT_2 - CT_1} \right) \times 100\% \tag{5-7}$$

含水饱和度：

$$S_w = \left(1 - \frac{CT_1 - CT_i}{CT_w - CT_o} \times \frac{CT_w - CT_a}{CT_2 - CT_1} \right) \times 100\% \tag{5-8}$$

式中　CT_a——空气 CT 值；

$\quad CT_1$——干岩心 CT 值；

$\quad CT_2$——饱和水后岩心的 CT 值；

$\quad CT_w$——水相 CT 值；

$\quad CT_o$——饱和油后岩心的 CT 值；

$\quad CT_i$——驱替过程中某一时刻岩心的 CT 值。

（二）实验方法及步骤

实验采用美国 GE 公司生产的 LIGHTSPEED8 层螺旋 CT 扫描仪对岩心进行扫描。实验温度为 30℃，扫描电压 120kV，电流 130mA，最小扫描层厚 1.25mm，分辨尺度为0.18mm。为避免常规岩心夹持器对 CT 扫描设备 X 射线的干扰，采用特制 PEEK 碳纤维

材料岩心夹持器进行驱替，该岩心夹持器能够增加 X 射线穿过岩心的能力和减小由于射线应化效应引起的测量误差。实验流程装置图如图 5-57 所示，具体的实验步骤为：

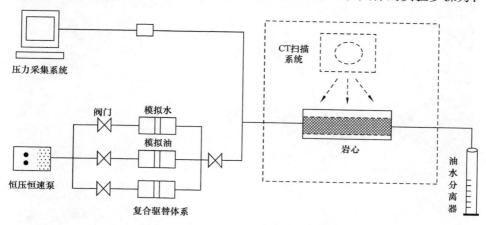

图 5-57　岩心 CT 扫描系统实验装置图

（1）天然岩心抽提、烘干；

（2）上述岩心饱和水；

（3）采用梯度加压法，将饱和水的岩心用模拟油驱替至束缚水状态，进行 CT 扫描，确定束缚水的分布状态和平均束缚水饱和度；

（4）岩心进行驱替实验，对岩心样品进行 CT 扫描，以获取油水饱和度的分布信息及非均质特征，直至驱替出口端含水率达 98% 以上；

（5）注入软体非均相复合驱替体系（0.1% 冻胶分散体 +0.1% 表面活性剂），并对岩心进行 CT 扫描，以获取油水饱和度的沿程分布信息及非均质特征；

（6）后续水驱油实验，对岩心进行 CT 扫描，以获取油水饱和度的沿程分布信息及非均质特征，直至驱替出口端含水率达 98% 以上。

（三）软体非均相复合驱替体系驱替过程分析

1. 岩心含油饱和度分析

图 5-58 给出了不同扫描断面岩心的原始含油饱和度分布，其中重构二维图形中紫色代表岩石，蓝色代表水，红色代表原油。岩心饱和模拟油后，各断面原始含油饱和度分布在 60.1%～79.9% 之间，表明该岩心具有较好含油饱和度。

2. 水驱过程中岩心油水动态变化

图 5-59 给出了水驱过程中岩心某时刻的动态油水变化二维重构图。由图可知，随着驱替时间增加，岩心含油饱和度不断降低。当水驱 10min 时，水相开始突破。岩心含油饱和度逐渐降低。此时，由于岩心内部非均质性加强，后续注入水沿高渗透部位突进形成无效循环，岩心含油饱和度随驱替时间增加基本无变化。水驱过程中岩心高渗透部位原油驱出，当水驱一定时间后，岩心非均质性加强，形成了优势通道，形成无效循环。因此，随水驱时间增加，岩心含油饱和度基本不再变化，原油采收率不再增加。

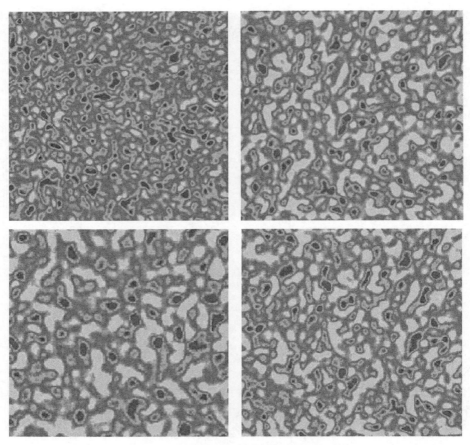

图 5-58　不同断面岩心原始含油饱和度分布

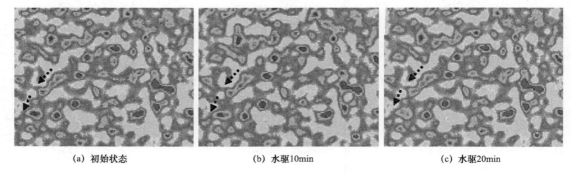

(a) 初始状态　　　　　　　　(b) 水驱10min　　　　　　　　(c) 水驱20min

图 5-59　水驱过程中油水动态变化

3. 软体非均相复合驱替过程中油水动态变化

图 5-60 展示了软体非均相复合驱替过程中油水动态变化。水驱结束后，岩心非均质性加强，造成注入水沿岩心高渗透部位突进。当注入软体非均相复合驱替体系后，冻胶分散体颗粒通过滞留、吸附、直接封堵或架桥封堵形式对高渗透层形成有效封堵，迫使液流转向中低渗透层，将其中剩余油驱出，但此时仍有部分剩余油滞留在较小孔隙中。由于复

合驱替体系中表面活性剂为小分子体系，能够进入较小孔隙中，通过表面活性剂的润湿反转、乳化等作用将剩余油从岩石表面剥离下来，提高原油采收率。软体非均相复合驱替体系中的冻胶分散体对非均质性岩心渗流剖面微观调控，能够保证表面活性剂进入冻胶分散体的不可及孔隙，同时非均相复合驱替体系中冻胶分散体的增黏效应可改善表面活性剂流度比，降低其扩散速率，促使表面活性剂转向岩心中低渗透部位，将其中剩余油驱出，增强了表面活性剂的微观洗油效率。软体非均相复合驱替体系中的表面活性剂能够吸附在冻胶分散体颗粒表面，使冻胶分散体颗粒具有一定活性。当冻胶分散体颗粒与岩石表面接触时，可以强化非均相复合驱替体系对岩石润湿改变能力，利于原油从岩石表面剥离下来。此外，表面活性剂在冻胶分散体表面吸附，可以强化非均相复合驱替体系负电性，促使复合驱油体系向储层深部运移，二者组成成分协同效应，大幅度提高了原油采收率。

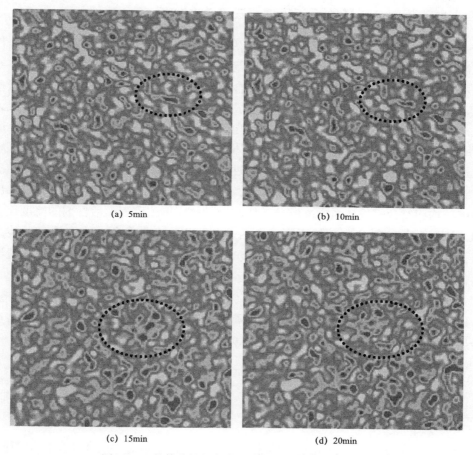

(a) 5min

(b) 10min

(c) 15min

(d) 20min

图 5-60 软体非均相复合驱替过程中油水动态变化

4. 后续水驱阶段岩心中油水动态变化

图 5-61 给出了后续水驱阶段多孔介质中油水动态变化。分析可知，注入软体非均相复合驱替体系对渗流剖面进行微观调控，迫使后续水驱转向中低渗透部位，将其中的剩余油驱出，提高原油采收率。

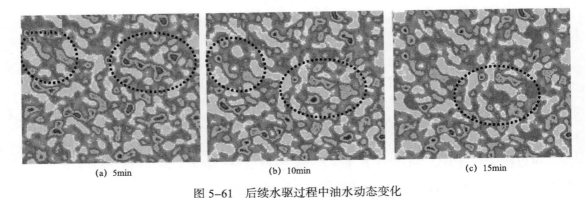

(a) 5min   (b) 10min   (c) 15min

图 5-61 后续水驱过程中油水动态变化

（四）非均相复合驱替体系驱替过程三维动态分析

借助 CT 扫描技术对非均相复合驱替过程的骨架和孔隙结构进行三维成像，分析驱替过程中油水动态变化，实验结果如图 5-62 所示。由图 5-62（a）骨架伪彩图和图 5-62（e）孔隙伪彩图可知，岩心在初始状态具有较高含油饱和度，当水驱 20min 时，产油量基本不再增加，表明岩心由均质向非均质转变，造成注入水沿岩心高渗透部位突进，形成无效循环。但此时，分布在岩心较小孔隙中剩余油或残余油［图 5-62（b）］未被驱出，造成水驱采收率较低。当注入软体非均相复合驱替体系时，冻胶分散体优先进入高渗透区域，以直接通过或变形通过方式进入岩心深部，通过直接封堵、多个颗粒架桥或在孔隙中滞留吸附形式封堵高渗透层，对储层进行微观调控，进而扩大波及体积，将其中剩余油驱出。同时，软体非均相复合驱替体系中冻胶分散体的增黏效应可改善表面活性剂的流度比，降低其扩散速率。此外，复合驱替体系中表面活性剂可将剩余油乳化，也会提高驱替介质黏度，增强驱替介质流度控制能力。非均相复合驱替体系中冻胶分散体对储层微观调控能力，可使表面活性剂进入冻胶分散体不可及孔隙，通过表面活性剂的润湿、乳化、降低毛细管力等作用将残余油从岩石表面剥离下来，提高原油采收率［图 5-62（c）、图 5-62（d）］。通过冻胶分散体储层微观调控作用，叠加表面活性剂高效洗油作用，及二者组成成分复合后的强化润湿翻转、协同乳化等协同效应，大幅度提高原油采收率。

三、软体非均相复合驱替体系在多孔介质中的波及能力

（一）实验原理

采用核磁共振驱替实验探究了软体非均相复合驱替体系对储层非均质性的调控能力。核磁共振（NMR）法原理：每一种元素原子核都有特定的自旋量子数，自旋量子数大于 0 的原子核在自旋时会产生磁场，利用氢原子核与磁场之间相互作用，通过氢原子核磁共振信号与其孔隙度成正比特性实现岩石孔隙内流体量、流体类型的分析。通过峰值随弛豫时间 T_2 的变化来研究非均相复合驱替体系对储层微观调控能力，弛豫时间 T_2 与磁场强度 G、回波间隔 T_E，流体扩散系数 D 等因素关系见公式（5-9）：

（A）骨架伪彩图

（B）孔隙伪彩图

图 5-62　软体非均相驱替过程中油水动态变化

（a），（e）初始状态，饱和油；（b），（f）水驱，20min；

（c），（g）注软体非均相复合驱替体系，15min；（d），（h）后续水驱 20min

$$\frac{1}{T_2} = \frac{D(\gamma GT_E)}{12} \qquad (5-9)$$

纵向幅度变化随弛豫时间 T_2 的变化主要与孔隙中流体分布有关，由于储层中水、油、堵剂体系分子结构中含氢量不同，使得各流体纵向恢复速率也不相同，从而得到衰减幅度不同的信号分布，根据信号分布来推断油、水、表面活性剂与软体非均相复合驱替体系的分布信息。

（二）实验方法

采用中国苏州纽迈电子科技有限公司生产的 MacroMR12-150H-I 核磁驱替设备对岩心进行扫描，使用 CPMG 序列测定 T_2 谱图。为减弱水中氢原子信号干扰，采用氯化锰水溶液驱替，具体的实验步骤为：

（1）岩心抽提、烘干、饱和水，计算岩心渗透率、孔隙体积；

（2）采用梯度加压法，将饱和水的岩心用模拟油驱替至束缚水状态，进行核磁共振扫描，确定岩心油水初始分布状态；

（3）对岩心进行驱替实验，定时间间隔内对岩心样品进行核磁共振扫描，以获取油水饱和度信号，直至驱替出口端含水率达 98% 以上；

（4）注入软体非均相复合驱替体系（0.1% 冻胶分散体 +0.1% 表面活性剂），定时间间隔内对岩心进行核磁共振扫描，以获取油水饱和度信号；

（5）后续水驱油实验，定时间间隔内对岩心进行核磁共振扫描，获取油水饱和度信息，直至驱替出口端含水率达 98% 以上。

将步骤（4）注入的软体非均相复合驱替体系改为注入 0.1% 表面活性剂，重复实验步骤（1）～（5），实验所用岩心渗透率为 0.78D，孔隙体积为 5.4mL。

（三）软体非均相复合驱替体系驱替过程分析

由软体非均相复合驱替体系驱替 T_2 谱图（图 5-63）和含油饱和度变化图（图 5-64）可知，初始水驱阶段，特征峰值集中在 0.4～3ms、10～14ms、100～1000ms 之间，当水驱开始之后，位于较小区间分布的 T_2 峰值逐渐右移，驱替时间越长，较小区间分布的 T_2 峰值右移程度越大，表明水驱过程中岩心孔隙逐渐变大，非均质性增强，此时岩心中仍有较多剩余油未被驱出［图 5-64（b）］。当注入软体非均相复合驱替体系之后，T_2 特征峰值逐渐左移，表明非均相复合驱替体系中的冻胶分散体对储层非均质性进行了有效调控。注入 20min 之后，复合驱替体系中的冻胶分散体通过单个颗粒直接封堵或多个颗粒架桥封堵形式对储层进行微观调控，使得储层非均质性降低，微观上表现为 T_2 特征峰值由 100～1000ms 向 0.1～3ms、10～14ms 移动，使得波及体积增大。非均相复合驱替体系对储层微观调控，并叠加高效洗油能力，增加了驱替效果［图 5-64（b）、图 5-64（c）］。后续转水驱时，注入水转向岩心中低渗透区域，扩大了波及体积，将其中剩余油驱出，提高了原油采收率［图 5-64（d）］。但后续转水驱多个 PV 后，位于 0.1～3ms 的 T_2 特征峰值向右移动，表明软体非均相复合驱替体系虽然能够对储层进行微观调控，但调控能力是有限度的。

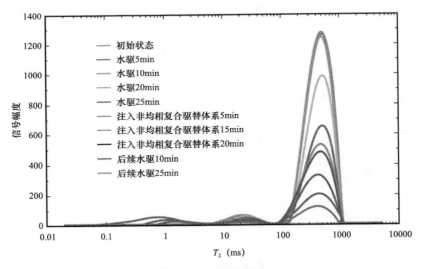

图 5-63　软体非均相驱替过程中 T_2 曲线变化

为了进一步阐明软体非均相复合驱替体系对储层微观调控能力，对比考察了表面活性剂驱油过程中 T_2 曲线和含油饱和度变化情况，实验结果如图 5-65 和图 5-66 所示。分析可知，水驱阶段 T_2 特征峰值由 7～13ms 向 100～1000ms 移动，表明岩心孔隙增大，岩心

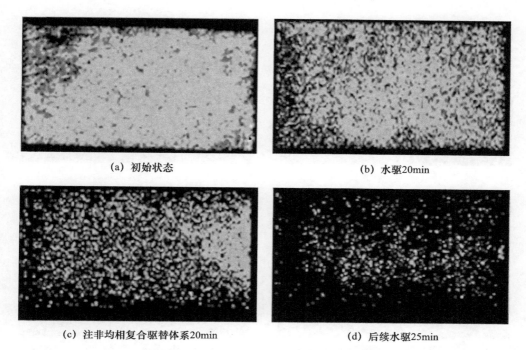

（a）初始状态　　　　　　　　　　　　　　（b）水驱20min

（c）注非均相复合驱替体系20min　　　　　　　（d）后续水驱25min

图 5-64　软体非均相驱替过程中含油饱和度变化

非均质性增强。当注入单一表面活性剂体系后，T_2 特征峰值并没有类似非均相复合驱替过程中向左移动，表明注入表面活性剂无法对储层进行调控。表面活性剂驱油过程中采收率提高，仅仅是由于表面活性剂对岩心高渗透区域剩余油剥离，无法改善储层非均质性。因此，后续水驱过程中，岩心仍有较多剩余油未被驱出［图 5-66（d）］，导致驱油效果远低于软体非均相复合体系驱替效果。

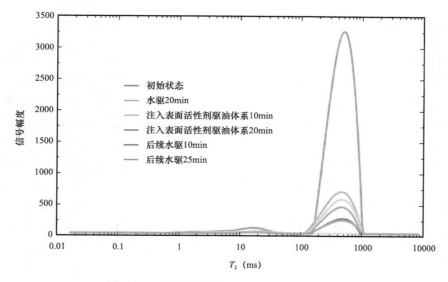

图 5-65　表面活性剂驱油过程中 T_2 曲线变化

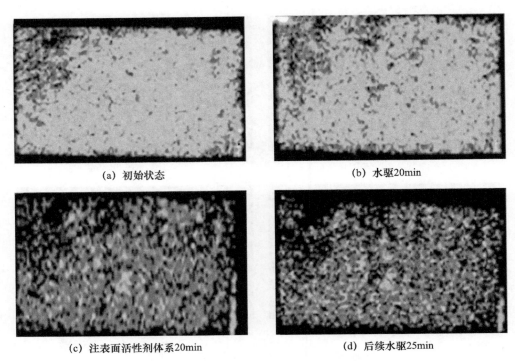

(a) 初始状态　　　　　　　　　　　　　(b) 水驱20min

(c) 注表面活性剂体系20min　　　　　　(d) 后续水驱25min

图 5-66　表面活性剂驱油过程中含油饱和度变化

四、软体非均相复合驱替体系微观驱替机理研究[20]

微观可视化实验可以直接反应软体非均相复合驱替体系在多孔介质中运移状态、驱替过程。实验通过观察软体非均相复合驱替体系对不同形式剩余油、残余油的启动情况，揭示其驱替机理。

（一）剩余油分布形式

采用玻璃刻蚀模型探讨软体非均相复合驱替体系的微观驱替机理，实验流程如图 5-67 所示，其中注入端模拟注入井，产出端模拟生产井。实验步骤为：模型饱和水—饱和油—水驱至 98%—注软体非均相复合驱替体系（0.1% 冻胶分散体 +0.1% 表面活性剂）—后续水驱至 98%。为了便于观察软体非均相复合驱替体系对储层调控能力，冻胶分散体采用茶树酚染色，颜色为深蓝色。

图 5-68 直观反映了软体非均相复合驱替体系的驱替效果。由图像分析软件计算水驱采收率仅为 25%，软体非均相复合驱替体系注入 25min 后，采收率达到 76%，采收率增值为 51%，后续水驱过程中，采收率增值仅为 2.4%。分析可知，提高采收率主要集中在软体非均相复合驱替体系注入阶段。水驱初始阶段，注入水将模型高渗透部位中的原油驱出，模型非均质性加剧，在注水井与油井之间逐渐形成优势通道，注入水从优势通道突进到油井，使得采收率有限［图 5-68（b）］；当注入软体非均相复合驱替体系后，冻胶分散体优先进入高渗透部位，由于冻胶分散体为柔性颗粒，可通过变形进入深部，通过单个

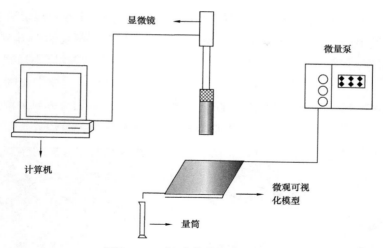

图 5-67 可视化模拟实验流程图

颗粒直接封堵或多个颗粒架桥作用对高渗透部位有效调控。此时，软体非均相复合驱替体系中的表面活性剂进入到模型中低渗透部位，通过乳化、润湿反转等作用［图 5-68（c）、图 5-68（d）］，将其中剩余油驱出。同时，软体非均相复合驱替体系之间的相互作用使其对剩余油的乳化能力、润湿改变能力增强，叠加冻胶分散体对储层微观调控作用和表面活性剂高效洗油作用，显著提高原油采收率。

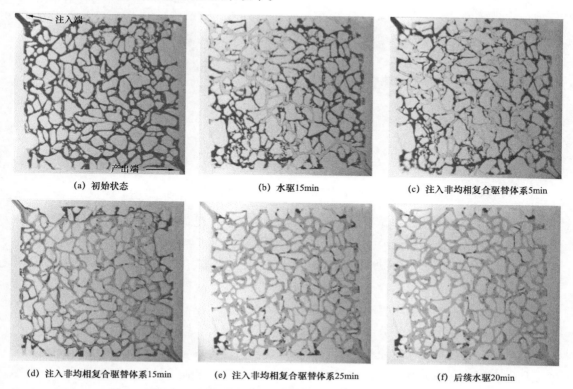

图 5-68 软体非均相复合驱替体系的可视化驱替过程

由微观可视化实验结果可知，水驱之后，模型中未被驱替出的剩余油主要有四种形式：水窜形成剩余油［图 5-69（a）］；厚油层上部或内部存在剩余油［图 5-69（b）］；细孔、细喉等部位存在残余油［图 5-69（c）］；岩石颗粒表面水洗程度不高残余油（主要以油膜形式存在）［图 5-69（d）］。水驱之后模型非均质性加剧，后续水驱则无法将上述四种形式的剩余油驱出。当注入软体非均性复合驱替体系之后，通过冻胶分散体微观储层调控作用和表面活性剂高效洗油作用的协同效应，将其中剩余油驱替出。

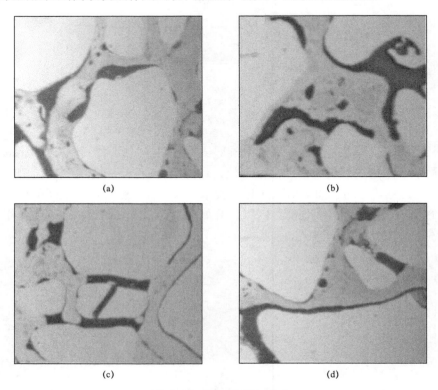

图 5-69　剩余油分布形式

（二）软体非均相复合驱替体系储层微观调控能力

为了进一步说明软体非均相复合驱替体系对储层的微观调控能力，借助可视化装置观察复合驱替体系在油水两相中的分布状态，实验结果如图 5-70 所示，其中图 5-70（a）至图 5-70（d）放大 5 倍，图 5-70（e）至图 5-70（i）放大 40 倍，图 5-70（j）放大 100 倍。当软体非均相复合驱替体系在多孔介质中运移时，一般以两种形式通过孔隙喉道。当冻胶分散体颗粒粒径小于孔喉半径时，则直接通过；当颗粒半径大于孔喉半径时，受孔隙喉道上、下流压差的增大，冻胶分散体颗粒发生形变，当其大小接近孔隙喉道大小时，慢慢通过孔隙喉道，通过后又恢复原状。软体非均相复合驱替体系与储层表面的斥力作用使其能够顺利进入岩心深部并在强亲水储层表面滞留、吸附等，增强了储层微观调控能力。由图 5-70 可知，非均相复合驱替体系的冻胶分散体对储层微观调控起到主要作用。当冻胶分散体进入模型中，对于孔隙喉道半径小于冻胶分散体粒径时，则直接进行封堵［图 5-70（a）、图 5-70（e）］；对于孔隙喉道半径大于冻胶分散体粒径时，则多个颗粒通过架桥或形成较大的聚集体进行封堵［图 5-70（b）、图 5-70（f）］，迫使后续注入水转向未波及区域；对于大孔道，多个冻胶分散体颗粒滞留在孔道中，通过减小孔隙体积，增加后续注入水流动阻力［图 5-70（c）、图 5-70（g）］；冻胶分散体也可以通过吸附作用滞留在孔隙喉道中，使得后续注入水通过绕流，将附着在孔壁表面的剩余油驱出［图 5-70（d）、图 5-70（h）］；由于冻胶分散体为柔性颗粒，可以变形通过孔隙喉道，当冻胶分散体通过孔隙喉道时，产生的负压作用也会将剩余油驱出。此外，非均相复合驱替体系中冻胶分散体的增黏效应可改善表面活性剂流度比，降低其扩散速率，微观调控作用促使表面活性剂转向中低渗透部位，提高了表面活性剂的微观洗油效率。当软体非均相复合驱替体系与地层中剩余油接触时，表面活性剂或吸附了表面活性剂的冻胶分散体颗粒使原油乳化形成 W/O 或 O/W 型乳状液颗粒，也会对高渗透部位起到强化微观调控效果［图 5-70（e）、图 5-70（j）］。

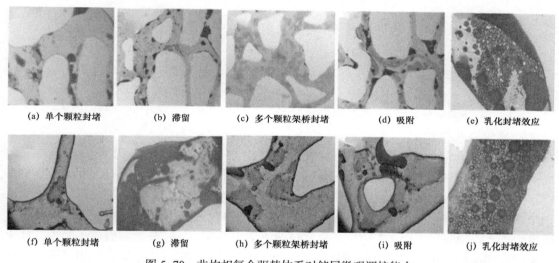

图 5-70　非均相复合驱替体系对储层微观调控能力

（三）软体非均相复合驱替体系微观驱油机理

软体非均相复合驱替体系是由冻胶分散体和表面活性剂组成的二元体系，当冻胶分散体对储层微观调控后，表面活性剂通过降低油水界面张力、乳化机理、润湿反转和聚并形成油带机理，提高复合驱替体系的驱替效率。

1. 降低界面张力能力

受毛细管力、黏附力和内聚力的影响，部分剩余油黏附在地层表面，降低了驱油效果。软体非均相复合驱替体系中的表面活性剂可以吸附在油水界面，有效降低油水界面张力，使得上述三种作用力降低，从而启动黏附在地层表面的剩余油，提高了洗油能力。毛细管力、黏附力和内聚力可以通过以下公式计算：

毛细管力：

$$p_c = \frac{2\varphi \cos\theta}{r}$$ （5-10）

式中　p_c——毛细管力；

　　　φ——油水界面张力；

　　　θ——水相润湿接触角；

　　　r——毛细管半径。

黏附功：

$$W = \varphi(1 - \cos\theta)$$ （5-11）

式中　W——黏附功，油从岩石表面剥离下来受到的作用。

分散功：

$$A = 4\pi n r_2^2 \varphi \left(1 - \frac{r_2}{r_1}\right)$$ （5-12）

式中　A——分散功，克服内聚力而做的功；

　　　n——油滴数；

　　　r_1——分散前油滴半径；

　　　r_2——分散后油滴半径。

2. 协同—乳化机理

借助可视化装置观察软体非均相复合驱替体系驱替过程中乳化现象，实验结果如图5-71所示，其中图5-71（a）至图5-71（d）放大5倍，图5-71（e）放大40倍，图5-71（f）、图5-71（g）放大100倍。当软体非均相复合驱替体系对储层微观调控后，表面活性剂进入中低渗透部位，与其中剩余油相互作用，使得剩余油乳化形成水包油乳状液或多重乳液［图5-71（e）、图5-71（f）］，沿驱替液流动方向变形、拉长至断裂成小油滴。乳化的油滴在向前移动过程中不易黏附到地层表面，提高了洗油效率。同时，吸附了表面活性剂的冻胶分散体颗粒也具有一定活性，当其与原油接触时，也会使原油乳化，二者协同效应使得剩余油乳化能力增强。而乳化形成的水包油乳状液或多重乳液在高渗透部位产生封堵效应［图5-71（f）、图5-71（g）］，对高渗透部位起到微观调控作用，可使后续注入流体均匀推进，提高了波及系数。此外，表面活性剂还可将剩余油乳化，提高驱替介质的黏度，进一步增强驱替介质的流度控制能力。

3. 强化—润湿反转机理

孔隙介质表面的润湿性对提高原油采收率起着重要作用。当软体非均相复合驱替体系在多孔介质中流动时，冻胶分散体的加入减弱了非均相复合驱替体系负电性，降低了复合驱替体系与地层表面的静电斥力作用，利于表面活性剂分子在地层表面吸附，强化了润湿改变能力。当岩石表面由亲油向中等润湿转变时，由式（5-10）可知，毛细管力逐渐降低，当岩心润湿性由亲油转变亲水性，岩石表面转变为憎油表面，使得剩余油与岩石表面之间的黏附功降低，易于脱离下来（图5-72），进而提高驱替效率。

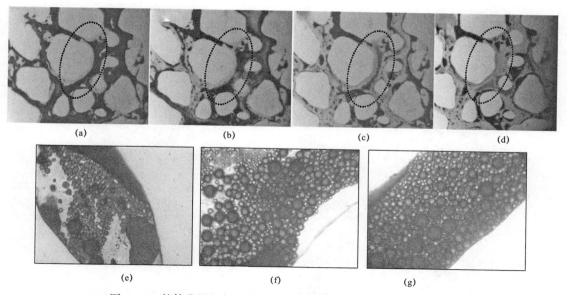

图 5-71 软体非均相复合驱替体系对储层剩余油协同—乳化作用

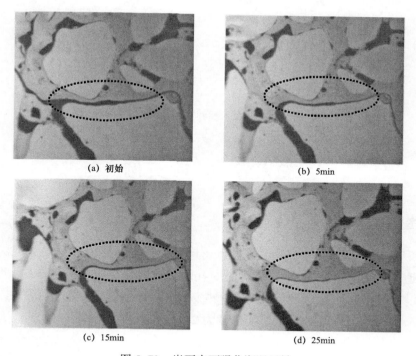

图 5-72 岩石表面强化润湿反转

4. 聚并形成油带机理

软体非均相复合驱替体系驱替过程中，驱替出的剩余油主要以油滴形式在多孔介质中运移。若从岩石表面剥离的原油越来越多，油滴运移过程中会发生相互碰撞。当碰撞的能量克服油滴之间静电斥力时，油滴可以相互聚并形成大的油滴，大油滴相互聚并形成油带

（图5-73）。油带在多孔介质中运移时不断将遇到的油滴聚并进来，油带不断变大，从而有利于原油采出。

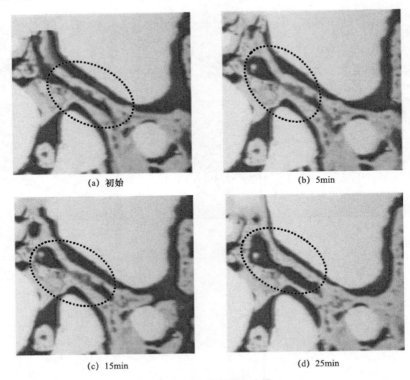

(a) 初始　　　　　　　　　　　(b) 5min

(c) 15min　　　　　　　　　　(d) 25min

图 5-73　聚并形成油带

第六节　矿 场 实 例

一、措施井概况

吉—A 所在区块储层属于典型高高温致密储层，孔隙度为 3.89%～13.03%、平均值为 9.21%，渗透率为 0.03～2.13mD、平均为 0.74mD，岩心压汞孔喉半径分布（图 5-74）表明，储层孔隙半径主要分布在 0～0.4μm，占 90% 以上。地层温度约 130.0℃，地层压力约 38.0MPa。地层水为 $NaHCO_3$ 型，矿化度为 25265～34843mg/L。

措施井所在区块储层原油属高凝、低含硫、中质原油。原油地面密度为 $0.868g/cm^3$，地面原油黏度（60℃）为 18.45mPa·s，凝固点为 42℃，初馏点为 225.1℃；地下原油黏度一般低于 10mPa·s，地层中流动性较好。

吉-A 井于 2016 年初开钻，实钻水平段长 963.0m，储层钻遇率 100%，水平段全段见油气显示；后续完成 13 级分段压裂施工，累计加入支撑剂 950.4m³，累计入井压裂液 12229.7m³。采用地面裂缝监测，裂缝方位北偏东约 83°、缝高在 25～30m、缝长在

230～340m，该井压裂满足了设计造长缝、控缝高要求，达到了充分改造储层的目的。2016 年 9 月压后放喷。

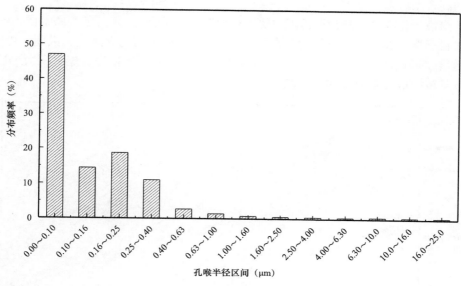

图 5-74　储层孔喉半径分布

二、措施前生产动态分析

吉一A 井压后初期放喷，套压 26 → 0MPa，采用油嘴 ϕ2mm → ϕ3mm → ϕ5mm →畅放，日产液 66.9 → 191.6 → 18.6m³，见油花；关井 48d 后再次开井放喷生产，采用阀门控制放喷，套压 1.4 → 0.8MPa，日产液 45.19 → 11.19m³，平均日产油 0.43t，含水 92%～100%，累计产液 6477m³，累计产油 12.3t，返排率为 53%，氯离子含量为 18147mg/L。措施前持续放喷生产，井口压力为 3.4MPa，日排液 30.0m³。目标井措施前生产动态曲线如图 5-75 所示。

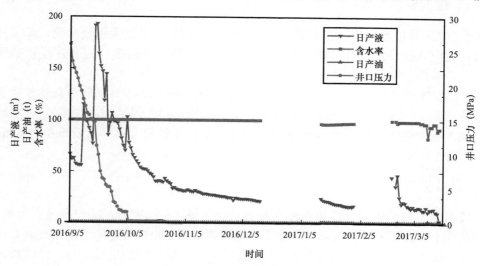

图 5-75　目标井措施前生产动态曲线

从吉 –A 井措施前生产动态可知，其生产表现出高液量、高含水（99%～100%）、低产油、高矿化度（氯离子含量 18147mg/L）的特征，在返排及试产过程中，一直处于 99% 及以上的高含水状态，基本不产油。

由产出液矿化度可判断，返排液主要来自地层水。结合吉 –A 井的油藏剖面（图 5–76）可知，在目标层（26 号、27 号、28 号）上方 5.5m 的 25 号层为含水层，因此，可能是 25 号层中地层水通过压裂大裂缝窜流，储层能量通过大裂缝窜流损失、储层压力迅速衰减，使基质波及范围低、基质排油被抑制。

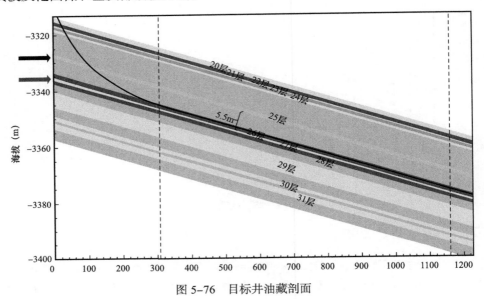

图 5–76　目标井油藏剖面

三、效果跟踪分析

（一）措施思路及设计

基于吉 –A 井出水分析，需要对压裂大裂缝进行调控，抑制大裂缝窜流，扩大基质波及范围。利用冻胶分散体软体非均相复合体系，进行窜流大裂缝调控，并强化基质排油能力。

鉴于储层高温条件，矿场实验选用耐高高温冻胶分散体，设计冻胶分散体软体非均相复合驱替体系（0.06% 冻胶分散体 +0.4% 表面活性剂），注入量 320m³。前期试注地层水 40m³，注入冻胶分散体软体非均相复合驱替体系后，顶替聚合物溶液及地层水 80m³。施工过程顺利（图 5–77），施工结束后，关井约 20d。

（二）效果分析

2017 年 8 月注入冻胶分散体软体非均相复合驱替体系结束后，2017 年 9 月开始生产，经过前期排水后开始见效，见效后含水率显著下降，由 100% 最低降至 78.5%；日产油量明显提高，由不产油最高提高至 3.4t/d，见效后 6 个月累计增油超过 210t，产出投入比超过 5∶1。措施前后生产动态如图 5–78 所示。

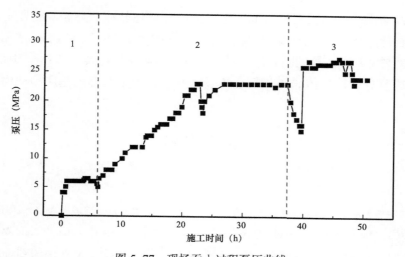

图 5-77　现场吞入过程泵压曲线

1—试注；2—注入复合驱替体系；3—注过顶替、顶替液

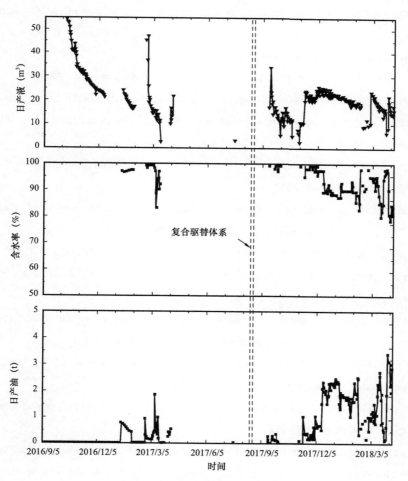

图 5-78　措施前后生产动态曲线

由措施前后的生产情况对比可知，注入冻胶分散体软体非均相复合驱替体系后，措施井筒流大裂缝得到控制，含水率显著降低，且排液能力未见明显减弱，表明非均相复合驱替体系对大裂缝实现调控的同时，未对致密基质形成明显污染。另外，周期产油量大幅提高，说明冻胶分散体软体非均相复合体系有效改善了生产过程基质的动用范围和排油效率。

参 考 文 献

［1］赵健慧. 耐温抗盐表面活性剂的合成、性能评价及驱油体系的构筑［D］. 青岛：中国石油大学，2015，40-70.

［2］赵光. 软体非均相复合驱油体系构筑及驱替机理研究［D］. 青岛：中国石油大学，2016，59-63.

［3］Jang S, Lin S, Mai P, et al. Molecular Dynamics Study of a Surfactant-Mediated Decane-Water Interface：Effect of Molecular Architecture of Alkyl Benzene Sulfonate［J］. Journal of Physical Chemistry B, 2004, 108：12130-12140.

［4］Dana A, Gocheva G, Millera R. Tensiometry and Dilational Rheology of Mixed β-lactoglobulin/ionic Surfactant Adsorption Layers at Water/Air and Water/ Hexane Interfaces［J］. Journal of Colloid and Interface Science, 2015, 449, 383-391.

［5］NY/T-2009, 甜菜碱中甜菜碱的测定比色法［S］. 北京：中国标准出版社，2009.

［6］Zhao J, Dai C, Fang J, et al. Surface Properties and Adsorption Behaviors of Cocamidopropyl Dimethyl Amine Oxide under High Temperature and High Salinity［J］. Colloids and Surfaces A：Physicochemical and Engineering Aspects, 2014, 450：93-98.

［7］Boris A. Dilational Surface Rheology of Polymer and Polymer/Surfactant Solutions［J］. Current Opinion in Colloid & Interface Science, 2010, 15：229-236.

［8］Yarranton H, Sztukowski D, Urrutia P. Effect of Interfacial Rheology on Model Emulsion Coalescence［J］. Journal of Colloid and Interface Science, 2007, 310：246-252.

［9］Lyu Y, Gu C, Fan X, et al. Interfacial Rheology of a Novel Dispersed Particle Gel Soft Heterogeneous Combination Flooding System at the Oil-Water Interface［J］. Colloids and Surfaces A：Physicochemical and Engineering Aspects, 2018, 559：23-34.

［10］Israelachvili J, Min Y, Akbulut M, et al. Recent Advances in the Surface Forces Apparatus（SFA）Technique［J］. Reports on Progress in Physics, 2001, 73, 036601-036617.

［11］Omarjee P, Espert A, Mondain O. Polymer-Induced Repulsive Forces at Solid-Liquid and at Liquid-Liquid Interfaces［J］. Langmuir, 2001, 17：5693-5695.

［12］Maeda N, Chen N, Tirrell M, et al. Adhesion and Friction Mechanisms of Polymer-on-Polymer Surfaces［J］. Science, 2002, 297：379-382.

［13］Zeng H, Hwang D, Israelachvili J, et al. Strong Reversible Fe^{3+}-Mediated Bridging between Dopa-Containing Protein Films in Water［J］. Proceedings of the National Academy of Sciences of the United

States of America, 2010, 107: 12850–12853.

[14] Leckband D. Surface Force Apparatus Measurements of Molecular Forces in Biological Adhesion [M]. New York, Springer Science, 2008, 1–9.

[15] 高振环, 王克亮, 徐典平, 等. 三元复合驱油体系的色谱分离机理及其研究方法 [J]. 大庆石油学院学报, 1999, 23: 76–78.

[16] Li D, Shi M, Wang D, et al. Chromatographic Separation of Chemicals in Alkaline Surfactant Polymer Flooding in Reservoir Rocks in the Daqing Oil Field [C]. In: SPE International Symposium on Oilfield Chemistry, The Woodlands, Texas, 20–22 April, 2009.

[17] 杨普华, 翁蕊, 张禹负, 等. 二元混合表面活性剂在孔隙介质中流动时色谱分离的预测模型学报 [J]. 石油学报, 2004, 25: 68–72.

[18] 陈权生, 李之平, 韩炜. 石油磺酸盐在多孔介质中的色谱效应 [J]. 油田化学, 2000, 12: 364–368.

[19] Deng S, Lu W, Liu Q, et al. Research on Oil Displacement Mechanism in Conglomerate Using CT Scanning Method [J]. Petroleum Exploration and Development, 2014, 41: 365–370.

[20] 赵光, 戴彩丽, 由庆. 冻胶分散体软体非均相复合驱油体系特征及驱替机理 [J]. 石油勘探与开发, 2018, 45 (3): 464–473.

第六章 冻胶分散体强化聚合物/表面活性剂二元复合驱油技术

以聚合物为主的驱油技术是成熟三次采油技术，在我国各大油田得到了成功应用，对稳定老油田原油产量起到了重要作用，其规模及年增油量已居世界前列，众多研究成果为世界领先水平[1-3]。但以聚合物为主的驱油技术在矿场实施过程中也暴露了一些问题，例如聚合物易受地面注入设备剪切和地下多孔介质渗流剪切及地层理化性质影响较大，导致黏度大幅度下降，流度控制能力减弱[4-7]。尤其在后续转水驱阶段，注入压力下降较快，驱油剂容易窜流至油井，大幅度限制了驱油剂提高采收率的效果，难以获得长期有效的开发效果。本章以聚合物/表面活性剂二元复合驱油体系为例，提出了冻胶分散体强化聚合物/表面活性剂二元复合驱油技术的新方法。利用冻胶分散体与聚合物的协同作用强化流度控制能力，提高后续水驱阶段的注入压力，最大限度提高聚合物二元复合驱油体系的驱油效果。

第一节 冻胶分散体强化聚/表二元复合驱油体系设计

以配伍性、黏度和界面张力为评价指标，设计冻胶分散体强化聚/表二元复合驱油体系。实验所用聚合物为 BD 聚合物，分子量 1800×10^4mg/mol，水解度 17%；表面活性剂为 CP 石油磺酸盐类表面活性剂；冻胶分散体的粒径为 2.2μm；模拟水矿化度 6000mg/L，Ca^{2+} 含量 40mg/L，Mg^{2+} 含量 10mg/L，模拟油：大庆油田北一区某区块原油，45℃原油黏度 10mPa·s。

一、配伍性研究

室温下，采用模拟水配制冻胶分散体强化聚/表二元复合驱油体系，观察是否有沉淀、絮凝生成，其中聚合物浓度为 0.15%，表面活性剂浓度为 0.3%，实验结果见表 6-1 和图 6-1。室温与 45℃条件下，冻胶分散体与聚/表二元复合驱油体系均无沉淀絮凝生成，具有良好的配伍性。

二、降低界面张力能力

（一）表面活性剂浓度影响

固定 BD 聚合物浓度为 0.15%，冻胶分散体浓度为 0.06%，改变 CP 表面活性剂浓度

表 6-1　冻胶分散体与聚 / 表二元复合驱油体系的配伍性考察

No.	配方组成			室温		45℃	
	BD 聚合物（％）	CP 表面活性剂（％）	冻胶分散体（％）	1d	5d	1d	5d
a	0.15	0.1	0.04	无沉淀、无絮凝	无沉淀、无絮凝	无沉淀、无絮凝	无沉淀、无絮凝
b	0.15	0.2	0.06	无沉淀、无絮凝	无沉淀、无絮凝	无沉淀、无絮凝	无沉淀、无絮凝
c	0.15	0.3	0.08	无沉淀、无絮凝	无沉淀、无絮凝	无沉淀、无絮凝	无沉淀、无絮凝
d	0.20	0.1	0.04	无沉淀、无絮凝	无沉淀、无絮凝	无沉淀、无絮凝	无沉淀、无絮凝
e	0.20	0.2	0.06	无沉淀、无絮凝	无沉淀、无絮凝	无沉淀、无絮凝	无沉淀、无絮凝
f	0.20	0.3	0.08	无沉淀、无絮凝	无沉淀、无絮凝	无沉淀、无絮凝	无沉淀、无絮凝

图 6-1　冻胶分散体与聚 / 表二元复合驱油体系配伍性考察结果

为 0.01%～0.4%，对比分析聚 / 表二元复合驱油体系、冻胶分散体强化体系降低油水界面张力的能力，其中测试仪器为 TX-500C 型旋转滴界面张力仪，测试温度 45℃，实验结果如图 6-2 所示。

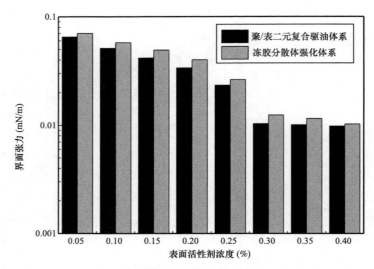

图 6-2　表面活性剂浓度对复合驱油体系降低界面张力的影响

图 6-2 给出了两种复合驱油体系界面张力随表面活性剂浓度变化的关系。分析可知，随着表面活性剂浓度增加，两种复合驱油体系降低油水界面张力的能力逐渐增强。当 CP 表面活性剂浓度超过 0.3% 时，两种复合驱油体系降低界面张力能力基本不再发生改变。表面活性剂浓度越高，越多的表面活性剂分子吸附在油水界面，大大降低了油水界面张力。但表面活性剂分子在油水界面存在吸附和解吸附行为，当二者达到动态平衡时，界面张力随着表面活性剂浓度增加基本不再发生改变。图 6-2 进一步表明当聚 / 表二元复合驱油体系加入冻胶分散体后，油水界面张力略微增加。由于加入的冻胶分散体在油水界面吸附占据了油水界面吸附位，这种吸附行为也会使得复合驱油体系降低油水界面张力能力有所降低。另外，表面活性剂分子也会通过氢键、色散力等作用吸附在冻胶分散体颗粒表面，降低了表面活性剂分子的浓度，导致界面张力略有升高。

（二）冻胶分散体浓度的影响

固定 BD 聚合物浓度为 0.15%，CP 表面活性剂浓度为 0.3%，分别加入不同浓度冻胶分散体，45℃条件下测定复合驱油体系降低油水界面张力的能力，实验结果如图 6-3 所示。

由图 6-3 可知，复合驱油体系降低油水界面张力的能力随着冻胶分散体浓度增大而降低，但最终稳定在 1.412×10^{-2} mN/m 之间，表明强化复合驱油体系仍具有较好的降低油水界面张力能力。当冻胶分散体加入到复合驱油体系时，表面活性剂分子通过色散力、氢键等作用可吸附在冻胶分散体颗粒表面，使得溶液中表面活性剂分子减少，降低了表面活性剂分子在油水界面吸附数量，导致界面张力略微升高。但表面活性剂的吸附效应，使得冻胶分散体颗粒也具有一定洗油能力，增强了复合驱油体系的驱油效果。

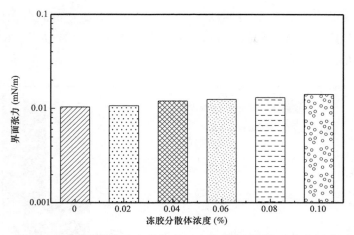

图 6-3 冻胶分散体浓度对复合驱油体系降低界面张力的影响

（三）聚合物浓度影响

固定冻胶分散体浓度为 0.06%，CP 表面活性剂浓度为 0.3%，分别加入不同浓度聚合物，45℃条件下测定复合驱油体系降低油水界面张力的能力，实验结果如图 6-4 所示。

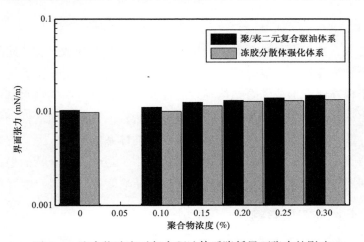

图 6-4 聚合物浓度对复合驱油体系降低界面张力的影响

由图 6-4 可知，随着聚合物浓度升高，复合驱油体系降低油水界面张力的能力有所降低，但降低幅度不大，仍保持在 10^{-2}mN/m 数量级。聚合物浓度越高，复合驱油体系溶液的黏度就越高，导致表面活性剂分子向油水界面扩散能力减弱，使得界面张力有所升高。

三、黏度特征

（一）聚合物浓度影响

聚合物是复合驱油体系黏度的主要来源，直接决定了复合驱油体系的驱油效果。因此，室内考察了聚合物浓度对复合驱油体系黏度的影响，其中冻胶分散体浓度为0.06%，CP表面活性剂浓度为0.3%，测试仪器为Brookfield黏度计，0#转子，6r/min，测试温度45℃，实验结果如图6-5所示。

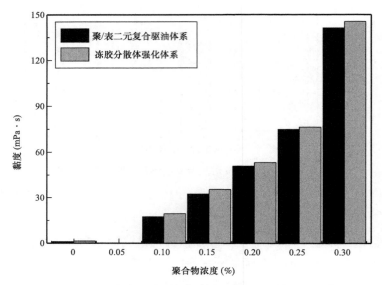

图6-5　聚合物浓度对复合驱油体系黏度的影响

由图6-5可知，冻胶分散体强化复合驱油体系的黏度高于聚/表二元复合驱油体系的黏度，随着聚合物浓度增大，复合驱油体系的黏度不断增加。由于聚合物浓度超过一定值时，聚合物分子相互纠缠形成缔合结构黏度；同时，聚合物链中的亲水基团在水中溶剂化也会增加复合驱油体系黏度。当加入冻胶分散体之后，一方面表面活性剂分子吸附在颗粒表面增加冻胶分散体的水力学半径，增加了复合驱油体系的黏度；另一方面冻胶分散体通过氢键、色散力等作用可以穿插着聚合物网状结构中，强化了聚合物的稳定性，增加了结构黏度。考虑到增黏能力和成本问题，后续实验选择浓度0.15%聚合物开展研究。

（二）冻胶分散体浓度影响

冻胶分散体为黏弹性颗粒，会提高复合驱油体系的黏度。室内考察了冻胶分散体浓度对复合驱油体系黏度的影响，其中聚合物浓度为0.15%，CP表面活性剂浓度为0.3%，测试仪器为Brookfield黏度计，0#转子，6r/min，测试温度45℃，实验结果如图6-6所示。可知，当冻胶分散体颗粒加入聚/表二元复合驱油体系时，黏度明显提高，具有协同增黏的能力。冻胶分散体浓度越高，黏度提升就越大。由于冻胶分散体为黏弹性颗粒，当浓度增加时，冻胶分散体在溶液中的固含量较高，颗粒之间距离减小，分子间的接触碰撞概率增大，增大了分子间的内摩擦力，导致复合驱油体系溶液黏度的上升。同时，表面活性剂吸附在冻胶分散体颗粒表面增加其水动力学半径，加大了颗粒碰撞机会。此外，冻胶分散体颗粒也会穿插在聚合物网状结构中，提升复合驱油体系的黏度。

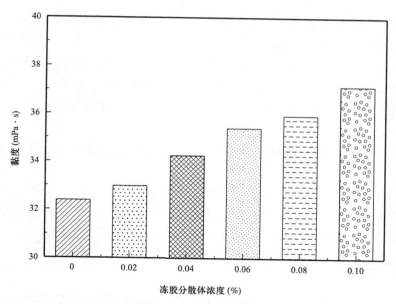

图 6-6　冻胶分散体浓度对复合驱油体系黏度的影响

（三）表面活性剂浓度影响

固定 BD 聚合物浓度为 0.15%，冻胶分散体浓度为 0.06%，改变 CP 表面活性剂浓度为 0.01%~0.4%，对比分析聚／表二元复合驱油体系、冻胶分散体强化聚／表二元复合驱油体系的黏度，其中测试仪器为 Brookfield 黏度计，0# 转子，6r/min，测试温度 45℃，实验结果如图 6-7 所示。

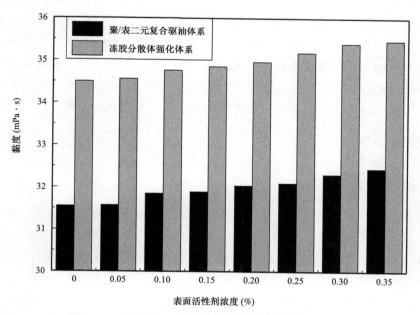

图 6-7　表面活性剂浓度对复合驱油体系黏度的影响

由图 6-7 可知，表面活性剂加入能够略微提高两种复合驱油体系的黏度，但改变幅度不大。这可能与表面活性剂的吸附行为有关，受氢键、色散力影响，表面活性剂吸附在冻胶分散体颗粒表面，增加了颗粒的半径，使颗粒之间相互接触碰撞概率加大[8-9]；此外，表面活性剂可以通过疏水作用进入聚合物分子内的疏水微区，使得聚合物链变得更为舒展，聚合物线团的水动力学尺寸增大，使得复合驱油体系的黏度增加。

第二节　冻胶分散体强化聚／表二元复合驱油体系性质表征

冻胶分散体强化聚／表二元复合驱油体系的性质直接决定了其应用潜力。本节借助黏度计、激光粒度分析仪、扫描电镜、透射电镜等现代分析手段表征复合驱油体系的微观形貌、热稳定性、聚结膨胀能力等性质，为其在油田推广应用奠定基础。

一、微观形貌

采用模拟水分别配制聚／表二元复合驱油体系（0.15%BD 聚合物 +0.3%CP 表面活性剂）和冻胶分散体强化二元复合驱油体系（0.15%BD 聚合物 +0.06% 冻胶分散体 +0.3%CP 表面活性剂），45℃静置 24h 后，利用扫描电镜对冻胶分散体强化聚／表二元复合驱油体系的微观形貌进行考察。模拟水矿化度为 6000mg/L，Ca^{2+} 含量为 40mg/L，Mg^{2+} 含量为 10mg/L，模拟油：大庆油田北一区某区块原油，45℃原油黏度 10mPa·s。

由图 6-8 可知，聚／表二元复合驱油体系具有显著的主链骨架结构，主链骨架两侧分布众多的支链结构，主链与支链相互穿插形成三维网状结构，该结构提高了聚合物链段的强度，构象转变难度增大，增黏能力增强。同时，这种结构也能保证复合驱油体系在多孔介质中渗流时具有较强的抗剪切和稀释能力，提高了聚／表二元复合体系的驱油效果。当冻胶分散体加入到聚／表二元复合驱油体系中时，受氢键、电性等作用力的影响，颗粒可吸附在聚合物支链上，形成紧凑且连续的三维网状结构，强化了复合驱油体系的黏度和稳定性，显著提高复合驱油体系注入过程中的压力。当转向后续水驱时，冻胶分散体的强化效应进一步提高了复合驱油体系的后续流度控制能力，提升驱油效果。

二、热稳定性

（一）黏度特征

黏度稳定性是冻胶分散体强化复合驱油体系良好驱油效果的重要保证。实验对比分析了聚／表二元复合驱油体系（0.15%BD 聚合物 +0.3%CP 表面活性剂）、冻胶分散体强化复合驱油体系（0.15%BD 聚合物 +0.06% 冻胶分散体 +0.3%CP 表面活性剂）的黏度在油藏老化过程中的黏度变化特征。其中测试仪器为 Brookfield 黏度计，0# 转子，6r/min，测试温度 45℃，实验结果如图 6-9 所示。分析可知，随着老化时间的增加，两种复合驱油体系的黏度均有所下降，但冻胶分散体强化驱油体系下降幅度明显低于聚／表二元复合驱油

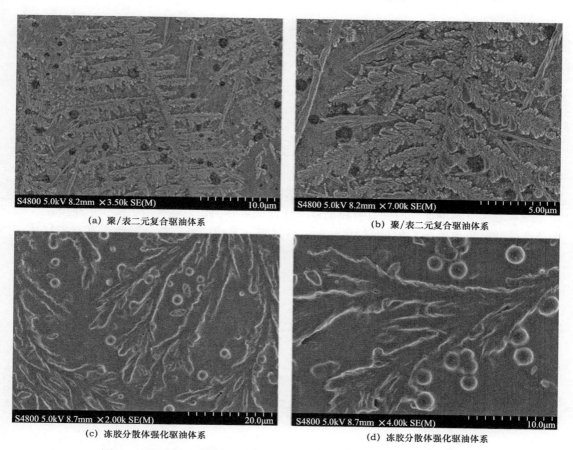

(a) 聚／表二元复合驱油体系　　　　　　　　　　(b) 聚／表二元复合驱油体系

(c) 冻胶分散体强化驱油体系　　　　　　　　　　(d) 冻胶分散体强化驱油体系

图 6-8　聚／表二元复合驱油体系、冻胶分散体强化驱油体系微观形貌

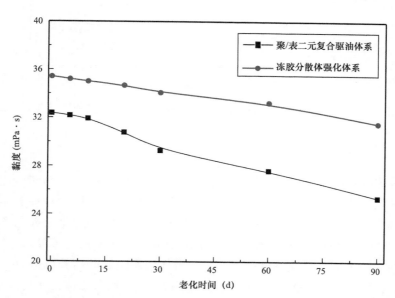

图 6-9　聚／表二元复合驱油体系、冻胶分散体强化复合驱油体系黏度稳定性考察

体系。对于聚/表二元复合驱油体系，随着老化时间增加，聚合物发生水解，分子链上正负电荷基团数目出现不相等，使得分子链卷曲程度增大，溶液黏度下降[10-11]。但对于冻胶分散体强化驱油体系，颗粒吸附在聚合物链段，提高了链段强度，构象转变难度增大，提高了冻胶分散体强化驱油体系的热稳定性。

（二）界面张力

实验对比分析了聚/表二元复合驱油体系（0.15%BD 聚合物 +0.3%CP 表面活性剂）、冻胶分散体强化复合驱油体系（0.15%BD 聚合物 +0.06% 冻胶分散体 +0.3%CP 表面活性剂）的界面张力随老化时间变化关系，测试温度45℃，实验结果如图 6-10 所示。分析可知，随着老化时间增加，两种复合驱油体系降低油水界面张力均有所下降，但下降幅度较小，老化 90d 后界面张力仍达到 10^{-2}mN/m 数量级，表明两种复合驱油体系具有良好热稳定性。对于冻胶分散体强化复合驱油体系，表面活性剂分子吸附在颗粒表面，降低了溶液中表面活性剂分子数量，使得强化复合驱油体系降低油水界面张力的能力比聚/表二元复合驱油体系的能力较弱，但影响较小。

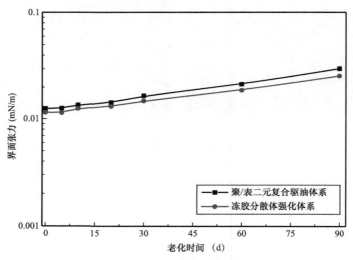

图 6-10　复合驱油体系降低界面张力稳定性考察

三、聚结膨胀能力

冻胶分散体可利用自身颗粒聚结特征对储层进行调控，因此冻胶分散体强化复合驱油体系也具有颗粒调控特点。实验对比分析了冻胶分散体单一体系（0.06%）、冻胶分散体强化复合驱油体系（0.15%BD 聚合物 +0.06% 冻胶分散体 +0.3%CP 表面活性剂）的聚结膨胀能力，采用 45℃恒温振荡水浴老化，实验结果如图 6-11 所示。随着老化时间增加，两种体系粒径均有所增大，老化 90d 后，冻胶分散体的聚结膨胀倍数可达 20 倍以上，表明两种体系均具有良好的聚结膨胀能力。对于黏度较高的冻胶分散体强化复合驱油体系，受黏滞力影响，阻碍了冻胶分散体颗粒之间的聚并速度，导致复合驱油体系的聚并膨胀能力略低于冻胶分散体单一体系。冻胶分散体强化复合驱油体系的聚结膨胀能力有助于强化驱油体系的流度控制能力。尤其在后续水驱阶段，随着复合驱油体系黏度的降低，流度控制能力减弱，但冻胶分散体的加入，可以通过颗粒自身的封堵特点和聚结膨胀强化对储层的调控能力。

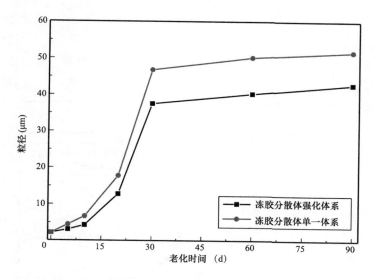

图 6-11　冻胶分散体单一体系、强化复合驱油体系的聚结膨胀能力

第三节　冻胶分散体强化聚／表二元复合体系驱油性能

本节从冻胶分散体强化聚合物二元复合驱油体系注入过程中的流度控制能力、后续流度控制能力、剖面改善能力和驱替潜力等方面对其应用性能进行评价，为矿场应用奠定理论基础。

一、流度控制能力

利用单管岩心物理模拟实验考察了冻胶分散体强化聚／表二元复合驱油体系的流度控制能力和后续流度控制能力，实验均在 45℃条件下进行，注入参数见表 6-2，实验结果如图 6-12 和图 6-13 所示。

由图 6-12 和图 6-13 可知，注入聚／表二元复合驱油体系、冻胶分散体强化复合驱油体系均能够使阻力系数上升，最高阻力系数均大于 20，表明注入复合驱油体系可以有效地改善地层的非均质性。水驱阶段，长期注水冲刷使得地层非均质性加剧，因而阻力系数有所降低。当注入复合驱油体系时，由于其选择性特点，黏弹性溶液优先进入高渗透区域。在该阶段，复合驱油体系的黏度特征在改善流度控制中起着重要作用，通过增加水相的黏度，可以有效降低水相渗透率，使得阻力系数上升。此外，复合驱油体系的聚合物分子可以通过氢键吸附到岩石表面，减小了孔喉有效半径并进一步增加了流动阻力。因此，

表6-2　注入参数

注入方案	岩心参数					注入量（PV）
	渗透率（D）	长度（cm）	直径（cm）	孔隙度（%）	孔隙体积（mL）	
0.15%BD 聚合物+0.3%CP 表面活性剂	1.031	10	2.5	26.3	13.06	1
0.15%BD 聚合物 +0.06% 冻胶分散体 +0.3%CP 表面活性剂	1.029	10	2.5	25.4	12.87	1

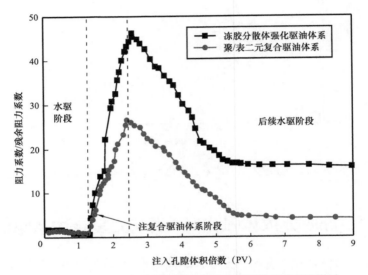

图 6-12　聚 / 表、冻胶分散体强化复合驱油体系的流度能力

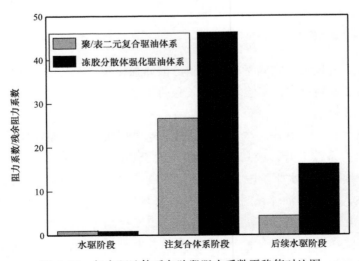

图 6-13　复合驱油体系各阶段阻力系数平稳值对比图

复合驱油体系在注入阶段获得了较高的阻力系数。但冻胶分散体强化复合驱油体系的阻力系数明显高于聚／表二元复合驱油体系，主要与颗粒封堵行为有关。冻胶分散体颗粒通过直接封堵或架桥封堵形式对储层进行调控，改善地层非均质性。此外，冻胶分散体颗粒的协同增黏作用可以强化冻胶分散体强化复合驱油体系的黏度，使得复合驱油体系具有较高的阻力系数。

当岩心转后续水驱时，两种复合驱油体系的残余阻力系数差距明显，聚／表二元复合驱油体系的残余阻力系数比冻胶分散体强化体系的残余阻力系数下降更快。对于聚／表二元复合驱油体系，黏度是流度控制的驱动力，但在后续注水阶段，受注入水稀释、地层渗流剪切影响，黏度逐渐降低，导致后续流度控制能力较差。对于冻胶分散体强化复合驱油体系，黏度也会受地层理化性质影响导致降低，但冻胶分散体颗粒可以通过颗粒自身的封堵特征对储层进行有效调控。因此，冻胶分散体强化复合驱油体系可以显著提高后续水驱阶段的流度控制能力。

二、剖面改善能力

以分流率和剖面改善率为指标评价冻胶分散体强化复合驱油体系的剖面改善能力。实验采用双管并联岩心测试，其中填砂管规格为长 20cm× 直径 2.5cm。具体步骤为：填制不同渗透率级差岩心；以 0.5mL/min 泵速水驱直至压力平稳；注入 1PV 冻胶分散体强化复合驱油体系（0.15%BD 聚合物 +0.06% 冻胶分散体 +0.3%CP 表面活性剂），将填砂管 45℃老化 5d 后水驱，记录实验过程中的产液量变化。实验结果见表 6-3，不同渗透率级差岩心模型的分流率及压力变化如图 6-14 至图 6-16 所示。

表 6-3　不同渗透率级差条件下冻胶分散体强化复合驱油体系的剖面改善能力

渗透率比值	岩心类型	渗透率（D）	分流率（%）		剖面改善能力（%）
			注入前	注入后	
1.14	低渗	0.524	57.45	16.32	85.56
	高渗	0.597	42.55	83.68	
1.65	低渗	0.537	69.83	19.63	89.45
	高渗	0.886	30.17	80.37	
4.38	低渗	0.574	76.52	20.84	91.92
	高渗	2.514	23.48	79.16	

由表 6-3 可知，冻胶分散体强化复合驱油体系对不同渗透率级差的岩心均有较好剖面改善能力，渗透率级差越大，剖面改善能力越强。图 6-14 至图 6-16 给出了不同渗透率岩

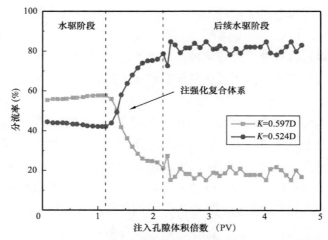

图 6-14 不同渗透率级差填砂模型的分流率变化（渗透率级差：1.14）

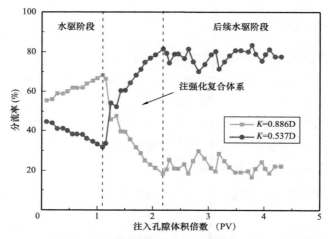

图 6-15 不同渗透率级差填砂模型的分流率变化（渗透率级差：1.65）

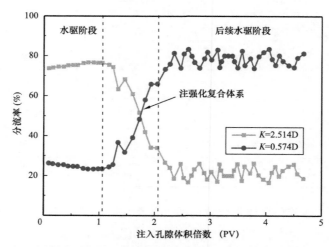

图 6-16 不同渗透率级差填砂模型的分流率变化（渗透率级差：4.38）

心分流率的变化，岩心渗透率越高，分流率越大。当注入强化复合驱油体系时，低渗透岩心的分流率逐渐增加。当转入后续水驱时，低渗透岩心的分流率进一步提升，表明冻胶分散体强化复合驱油体系能够显著改善地层的非均质性。这与冻胶分散体强化复合驱油体系的特殊性质有关，由于聚合物存在，可以大幅度提高驱油体系黏度，受地层渗透率选择性注入影响，强化复合驱油体系容易进入渗透率较大岩心，降低了非目的层的伤害。因此，渗透率级差大的岩心比渗透率级差小的岩心具有更强剖面改善能力。

三、驱油潜力评价

采用单管实验岩心模型对比分析了聚／表、冻胶分散体强化复合体系的驱油潜力，实验步骤为：岩心干燥，测渗透率、孔隙体积；岩心饱和水；岩心饱和油；水驱至含水98%；注复合驱油体系；后续水驱至含水98%，记录过程中的压力、产水量和产油量。驱替过程均在45℃条件下进行，实验结果见表6-4，如图6-17至图6-19所示。

表6-4　聚／表、冻胶分散体强化复合体系驱油效果

方案	渗透率（D）	长度（cm）	直径（cm）	孔隙体积（mL）	含油饱和度（%）	水驱采收率（%）	最终采收率（%）	采收率增值（%）
聚／表二元复合驱油体系	0.982	10	2.5	12.58	80.7	34.78	53.12	18.34
强化复合驱油体系	0.976	10	2.5	12.39	81.5	35.95	70.83	34.88

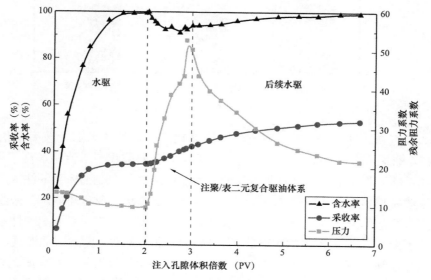

图6-17　聚／表二元复合驱油体系的驱油潜力

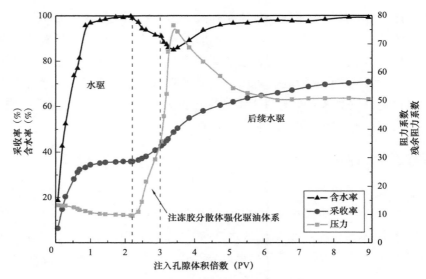

图 6-18　冻胶分散体强化复合驱油体系的驱油潜力

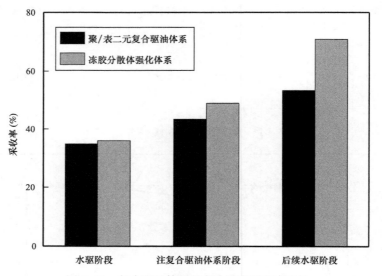

图 6-19　复合驱油体系的各个阶段采收率对比

由表 6-4 可知，注入聚 / 表、冻胶分散体强化复合驱油体系后采收率增值分别达到 18.34% 和 34.88%，其中冻胶分散体强化复合驱油体系的采收率增值明显高于聚 / 表二元复合驱油体系的采收率增值，具有明显驱油潜力。但两种复合驱油体系的注入阶段和后续水驱阶段采收率增值明显不同（图 6-19）。对于聚 / 表二元复合驱油体系，采收率提高主要集中在复合驱油体系注入阶段。黏度和低界面张力是聚 / 表二元复合驱油体系提高采收率的驱动力，复合驱油体系中的聚合物可以减小水油流度比，提高中低渗透层的动用程度，而表面活性剂存在可以降低油水界面张力，使得剩余油容易从岩石表面剥离下来，进而提高了原油采收率。但在后续水驱阶段，聚 / 表二元复合驱油体系的黏度逐渐降低，导致后续流度控制能力减弱，因此，该阶段采收率增值较小。对于冻胶分散体强化复合驱油体系，既具有聚／表二元复合驱油体系的增黏和降低油水界面张力效应，同时也具有独特特点。冻胶分散体的协同增黏效应提高了复合驱油体系黏度，改善了注入阶段的流度控制能力；后续水驱阶段，冻胶分散体颗粒通过单个颗粒直接封堵、架桥封堵或聚结膨胀封堵的形式对储层调控，提高了后续水驱阶段的流度控制能力。因此，冻胶分散体强化复合体系后续水驱阶段仍保持较高的残余阻力系数，明显改善驱油效果。

第四节　冻胶分散体复合驱油体系强化作用机制

采用岩心扫描电镜考察聚／表、冻胶分散体复合驱油体系在多孔介质中的作用形式，揭示其强化作用机制。具体实验步骤为：岩心烘干、测渗透率、孔隙度；注入复合驱油体系，45℃老化 5d；岩心冷冻干燥 24h；岩心中部位置取 1cm×1cm 碎块，置于扫描电镜下观察。图 6-20 展示了两种复合驱油体系在多孔介质中的典型作用形式，可以看出两种复合驱油体系在多孔介质中的作用形式存在显著差异。聚／表二元复合驱油体系在小孔隙中形成致密的三维网状结构［图 6-20（a）］吸附在岩石表面，对储层进行有效调控。但随着孔喉尺寸的增大，聚／表二元复合驱油体系的网状结构趋于松散，储层调控更加困难［图 6-20（b）］。此外，受地层水稀释作用和渗流剪切影响，聚／表二元复合驱油体系的网状结构逐渐转变为不稳定结构，导致黏度降低，大大降低了流度控制能力。但当转入后续水驱阶段，随着复合驱油体系黏度的降低，网状结构破坏［图 6-20（c）］，导致聚／表二元复合驱油体系的流度控制能力减弱，降低了驱油效果。当注入冻胶分散体强化复合驱油体系时，三维网状结构仍然存在［图 6-20（d）、图 6-20（e）］，具有聚／表二元复合体系的驱油特点。在冻胶分散体强化复合体系驱油阶段，冻胶分散体颗粒、聚合物和表面活性剂之间的协同作用可增加黏度，提高了流度控制能力。当转向后续水驱时，即使复合驱油体系的黏度逐渐降低，但冻胶分散体颗粒的自身封堵特征仍能够实现对储层调控［图 6-20（f）］，提高中低渗透层的动用能力。

冻胶分散体强化驱油体系通过协同增黏效应、强化洗油能力和提升后续流度控制能力显著提高驱油效果。结合冻胶分散体强化复合驱油体系的性质、应用性能及在多孔介质中作用形式，给出了其强化作用机制示意图（图 6-21）。

（1）协同增黏效应。

冻胶分散体强化驱油体系的协同增黏效应主要有以下两个方面：冻胶分散体颗粒穿插在聚合物网状结构中，提高了聚合物链段强度，构象转变难度增大，增黏能力增大；受氢键、电性等作用力的影响，表面活性剂可吸附在冻胶分散体颗粒表面，颗粒水力学半径变大，增加了复合驱油体系的黏度。协同增黏效应提高了冻胶分散体强化复合驱油体系的流度改善能力，增强了渗流过程中地层抗剪切和稀释能力，提高了复合体系的驱油效果。

（2）强化洗油能力。

受氢键、电性等作用力影响，表面活性剂可吸附在冻胶分散体颗粒表面，使得分散在溶液中的冻胶分散体颗粒也具有活性，当其与地层剩余油接触时，也会降低界面张力，强

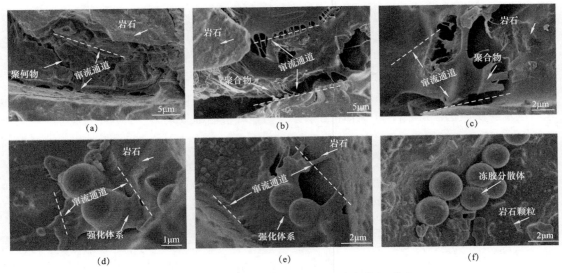

图 6-20　复合驱油体系在多孔介质中的作用形式

（a），（b）：聚 / 表二元复合驱油体系注入阶段作用形式；（c）：聚 / 表二元复合驱油体系后续水驱阶段作用形式；
（d），（e）：冻胶分散体强化复合体系注入阶段作用形式；（f）：冻胶分散体强化复合体系后续水驱阶段作用形式

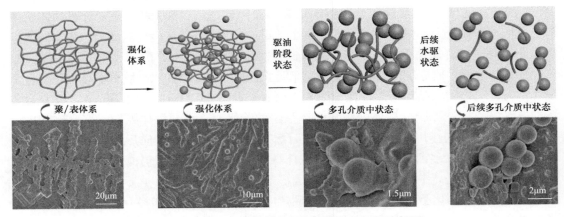

图 6-21　冻胶分散体复合驱油体系强化机制示意图

化了复合驱油体系的洗油能力。

（3）提升后续流度控制能力。

后续水驱时，聚 / 表复合驱油体系黏度的损失降低了后续流度控制能力。冻胶分散体强化复合体系中聚合物黏度降低，但冻胶分散体颗粒在多孔介质中通过单个颗粒直接封堵、多个颗粒架桥封堵和聚结膨胀封堵的行为对储层形成有效调控，强化了后续水驱阶段的流度控制能力[12]。

参 考 文 献

[1] 王德民. 强化采油方面的一些新进展 [J]. 大庆石油学院学报, 2010, 5（34）：19-26.

[2] 王德民, 程杰成, 吴军政, 等. 聚合物驱油技术在大庆油田的应用 [J]. 石油学报, 2005, 1（26）：74-78.

[3] 王德民. 大庆油田"三元""二元""一元"驱油研究 [J]. 大庆石油地质与开发, 2003, 3（22）：1-9.

[4] Argillier J, Dupas A, Tabary R, et al. Impact of Polymer Mechanical Degradation on Shear and Extensional Viscosities：Toward Better Injectivity Forecasts in Polymer Flooding Operations [M]. 2013.

[5] Mantia F, Morreale M, Botta L, et al. Degradation of Polymer Blends：A Brief Review [J]. Polymer Degradation and Stability, 2017, 145（nov.）：79-92.

[6] 叶仲斌, 罗平亚, 魏发林. 孔隙介质对 HPAM 交联性能的影响 [J]. 西南石油学院学报, 2001, 4（23）：60-63.

[7] 叶仲斌, 彭杨, 施雷庭, 等. 多孔介质剪切作用对聚合物溶液粘弹性及驱油效果的影响 [J]. 油气地质与采收率, 2008, 5：59-62.

[8] Chari K, Antalek B, Lin M, et al. The Viscosity of Polymer-Surfactant Mixtures in Water [J]. Journal of Chemical Physics. 1994, 100（7）：5294-5300.

[9] Guzman E, Llamas S, Maestro A, et al. Polymer-Surfactant Systems in Bulk and at Fluid Interfaces [J]. Advances in Colloid and Interface Science, 2016：38-64.

[10] Sarsenbekuly B, Kang W, Fan H, et al. Study of Salt Tolerance and Temperature Resistance of a Hydrophobically Modified Polyacrylamide Based Novel Functional Polymer for EOR [J]. Colloids and Surfaces A：Physicochemical and Engineering Aspects, 2017, 514：91-97.

[11] Jamaloei B, Kharrat R, Asghari K. The Influence of Salinity on the Viscous Instability in Viscous-Modified Low-Interfacial Tension Flow During Surfactant-Polymer Flooding in Heavy Oil Reservoirs [J]. Fuel, 2012, 97：174-185.

[12] Zhao G, Li J, Gu C, et al. Dispersed Particle Gel-Strengthened Polymer/ Surfactant as a Novel Combination Flooding System for Enhanced Oil Recovery [J]. Energy & Fuels, 2018, 32（11）：11317-11327.

第七章　冻胶分散体三相泡沫调驱技术

　　泡沫是以气体为分散相，液体或固体为分散介质的分散体系，在地层渗流过程中具有"遇水稳定、遇油消泡。"良好选择封堵性、对地层伤害小等特点，近年来成功应用于油田控水增油技术中，取得了较好应用效果。油田化学控水用的泡沫体系主要包括常规液相泡沫和强化泡沫两大类。常规液相泡沫由常规起泡剂组成，稳定性较差，封堵强度有限，封堵有效期较短。为提升泡沫稳定性，发展了以聚合物、冻胶、颗粒为外相的强化泡沫体系[1-3]，通过增加液相和界面黏度或颗粒在界面上的吸附效应，大幅度提升了泡沫的稳定性。本章研究了以黏弹性冻胶分散体为外相的三相泡沫调驱体系，对稳定性影响因素、调驱潜力、稳定作用机制、注入工艺参数优化进行了探究，并开展了矿场先导实验，为冻胶分散体三相泡沫调驱技术的成功应用奠定基础。

第一节　冻胶分散体三相泡沫调驱体系设计

　　本节以半衰期、起泡体积和泡沫综合值为评价指标，利用改进的 Ross–Miles 法设计冻胶分散体三相泡沫调驱体系的组成，优化冻胶分散体、起泡剂浓度和最佳气液比。

一、改进 Ross–Miles 法

　　改进 Ross–Miles 实验装置在泡沫发生器底部设计一定渗透率砂心，模拟冻胶分散体三相泡沫调驱体系通过多孔介质的起泡情况（图 7-1）。通过气体流量计控制氮气的注入量，考察不同气液比条件下泡沫体系的起泡和稳泡能力（图 7-2）。以起泡体积、半衰期和泡沫综合值为指标，评价冻胶分散体三相泡沫调驱体系的起泡性能。其中泡沫综合值定义为起泡体积与半衰期的乘积，如式（7-1）所示：

$$F = V_0 \times t_{50} \qquad (7-1)$$

式中　F——泡沫综合值，mL·s；
　　　V_0——泡沫体积，mL；
　　　t_{50}——半衰期，s。

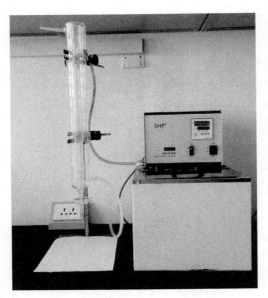

图 7–1　改进的 Ross–Miles 实验装置

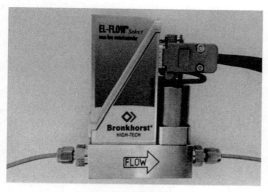

(a) 气体流量计

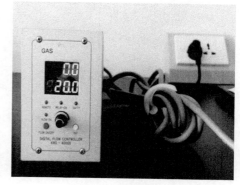

(b) 气体流量计控制器

图 7-2　气体流量计装置

具体的实验步骤：

（1）采用模拟水配制冻胶分散体起泡剂溶液，使用移液管量取 20mL 起泡剂由上端开口注入，开启循环水浴加热，设定温度为 80℃，恒温循环 10min；

（2）控制气体流量计通入氮气，设定气体注入速度为 20mL/min；

（3）通入一定量气体，顺序关闭气体流量计及 Ross-Miles 仪器阀门，记录起泡体积、泡沫半衰期（泡沫体积衰减到一半时所需时间）。

实验所用冻胶分散体的粒径为 600～2200nm，起泡剂为甜菜碱类 FD-1 复合起泡剂，气源为氮气；模拟水矿化度 4000mg/L，Ca^{2+} 含量 30mg/L，Mg^{2+} 含量 30mg/L；模拟油：河南油田采油一厂某区块原油，50℃原油黏度 18mPa·s。

二、起泡剂浓度优化

固定冻胶分散体浓度为 0.06%，气液比 3∶1，温度 80℃，优化了起泡剂浓度。图 7-3 给出了不同起泡剂浓度条件下常规液相泡沫体系和冻胶分散体三相泡沫体系的起泡性能。分析可知，起泡剂的浓度直接影响了两种泡沫体系的起泡性能。起泡剂浓度增加，更多的表面活性剂分子吸附在液膜表面，使得液膜厚度增加，降低了液膜的排液速率，因而泡沫的起泡性能增强。但冻胶分散体三相泡沫体系的起泡性能明显优于常规液相泡沫，这是由于冻胶分散体为黏弹性颗粒，通过吸附在液膜表面，增加了液膜的黏弹性并抑制液膜的排液速率，增强了泡沫的稳定性。综合考虑泡沫的起泡性能和成本因素，优化起泡剂的浓度为 0.2%～0.4%。

三、冻胶分散体浓度优化

固定起泡剂浓度为 0.3%，气液比 3∶1，温度 80℃，优化了冻胶分散体浓度。由图 7-4 可知，加入冻胶分散体颗粒之后，泡沫体系的起泡性能明显改善，起泡体积、半衰期和泡沫综合值随着冻胶分散体浓度的增加而增大。当冻胶分散体浓度超过 0.06% 时，起泡性能基本不再改变，优化冻胶分散体浓度为 0.06%～0.08%。黏弹性冻胶分散体颗粒的加入会增加起泡液黏度，提升了泡沫液膜黏弹性。冻胶分散体浓度越高，起泡液的黏度越大，

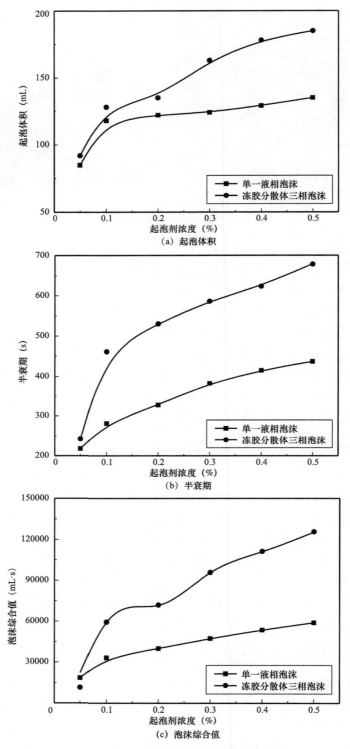

图 7-3　起泡剂浓度对起泡性能的影响

形成液膜黏弹性增强。此外，冻胶分散体可吸附在液膜表面，既增加了液膜厚度，也增加了泡沫液膜之间的排斥作用，强化了泡沫稳定性。因此，冻胶分散体三相泡沫的稳定性增强。但当冻胶分散体浓度超过 0.06%，泡沫起泡性能基本不再发生改变。由于起泡剂溶液中表面活性剂分子可通过色散力、氢键等作用吸附在冻胶分散体颗粒表面，降低了泡沫液膜表面活性剂分子数量，使得稳定性下降，但冻胶分散体浓度增加也可增大液膜黏弹性，当二者产生的效应达到动态平衡时，泡沫性能基本不再发生改变。

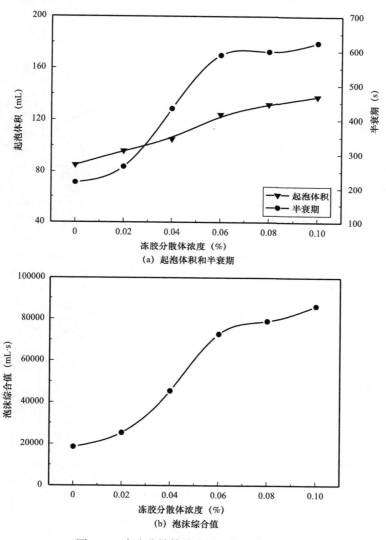

图 7-4 冻胶分散体浓度对起泡性能的影响

四、气液比优化

实验考察了不同气液比条件下冻胶分散体三相泡沫（0.06% 冻胶分散体 +0.3% 起泡剂）的起泡性能，温度 80℃。由图 7-5 可知，随着气液比增加，冻胶分散体三相泡沫的起泡体积逐渐增大而半衰期、泡沫综合值逐渐减小，优化最佳气液比为 2∶1～3∶1。低气液比条件下，注入的氮气与起泡液充分混合，表面活性剂分子能够紧密排在液膜表面，叠加冻胶分散体的黏弹性和颗粒吸附效应，形成致密泡沫体系[4]。高气液比条件下，生成泡沫较大，单位面积液膜上表面活性剂分子和冻胶分散体颗粒的数量减少，液膜排液速度加快，趋于不稳定，导致半衰期降低。

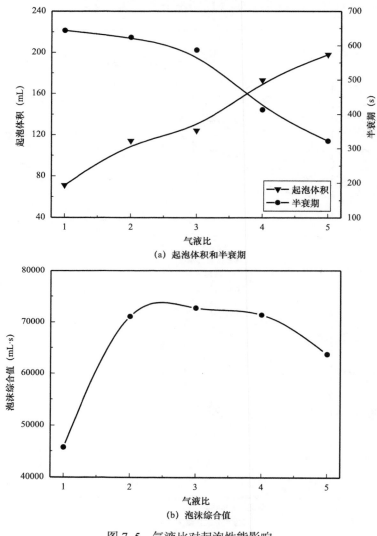

图 7-5　气液比对起泡性能影响

第二节　冻胶分散体三相泡沫调驱体系性能评价

本节借助改进的 Ross-Miles 法考察不同老化时间、温度、盐离子和原油条件下冻胶分散体三相泡沫调驱体系的稳定性；建立岩心物理实验流动模型，研究冻胶分散体三相泡沫调驱体系的封堵特征、剖面改善能力和采收率增值潜力，为矿场应用提供技术支撑。

一、冻胶分散体三相泡沫稳定性影响因素

（一）老化时间影响

将起泡液（0.06% 冻胶分散体 +0.3% 起泡剂）置于 80℃烘箱中老化不同时间，考察冻胶分散体三相泡沫的热稳定性能，其中气液比为 3∶1，实验结果如图 7-6 所示。随着老化时间增加，起泡液中有效表面活性剂分子减少，导致常规液相泡沫与冻胶分散体三相泡沫的起泡体积、半衰期、泡沫综合值均有所下降，但冻胶分散体三相泡沫的起泡性能始终优于常规液相泡沫体系。高温老化会减小起泡液黏度，降低泡沫液膜黏弹性，使得泡沫热稳定性降低，但冻胶分散体颗粒可吸附在液膜表面，增强了液膜厚度和液膜之间的斥力作用，使泡沫热稳定性增强。

（二）温度影响

地层条件下，温度影响尤为重要。室内实验对比分析了不同温度条件下常规液相泡沫体系（0.3% 起泡剂）和冻胶分散体三相泡沫体系（0.06% 冻胶分散体 +0.3% 起泡剂）的起泡性能，其中气液比为 3∶1，结果如图 7-7 所示。分析可知，随着温度升高，两种体系的起泡体积增大而半衰期均减小。这是因为随着温度升高，分子的热运动加剧，分子间作用力变小，液相黏度减小，有利于泡沫体积的增加，但表面活性剂分子热运动加剧也导致了泡沫体系的不稳定。温度对半衰期影响更加明显，一方面由于温度升高使气体分子热运动加剧，气泡内部压力增加，聚并速度加快，另一方面温度升高使得液膜的水分蒸发加剧，液膜变薄速度加快，因此泡沫容易破灭。但受冻胶分散体颗粒黏弹性特点和液膜吸附效应的影响，冻胶分散体三相泡沫体系高温下仍具有较好的稳泡能力，因此，表现出更好的起泡性能。

（三）盐离子影响

配液水和地层水中含有不同浓度的盐离子，若冻胶分散体三相泡沫体系对盐离子敏感，地层中容易破灭，无法形成有效的渗流剖面调整，导致调驱作业失败。因此，室内考察了 Na^+、Ca^{2+}、Mg^{2+} 三种典型盐离子对冻胶分散体三相泡沫体系（0.06% 冻胶分散体 +0.3% 起泡剂）稳定性的影响，其中气液比为 3∶1，结果如图 7-8 所示。

由图 7-8 可知，冻胶分散体三相泡沫体系的起泡体积、半衰期和泡沫综合值随着盐离子浓度增加而减小，但影响较小，表明泡沫体系具有抗盐离子的能力。当添加盐离子时，表面活性剂中扩散双电层受到压缩，降低了表面活性剂分子之间的吸引力并形成疏松的吸附层，使得泡沫稳定性减弱。阳离子价数越高，压缩扩散双电层的能力更强，泡沫稳定性趋于减弱。但由于起泡剂具有良好抗盐性并且有冻胶分散体在液膜表面的吸附效应，可降低气泡膜的排水速度。结果，冻胶分散体三相泡沫在高浓度的盐离子溶液中具有良好发泡能力和稳定性。

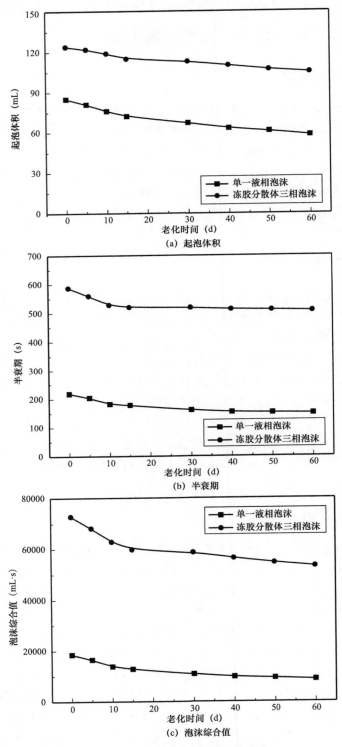

图 7-6 老化时间对起泡性能的影响

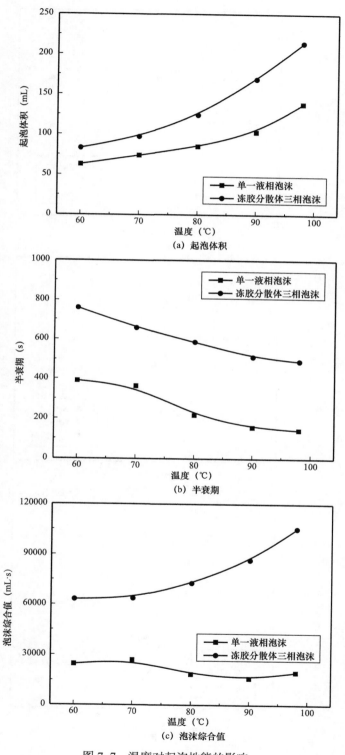

(a) 起泡体积

(b) 半衰期

(c) 泡沫综合值

图 7-7 温度对起泡性能的影响

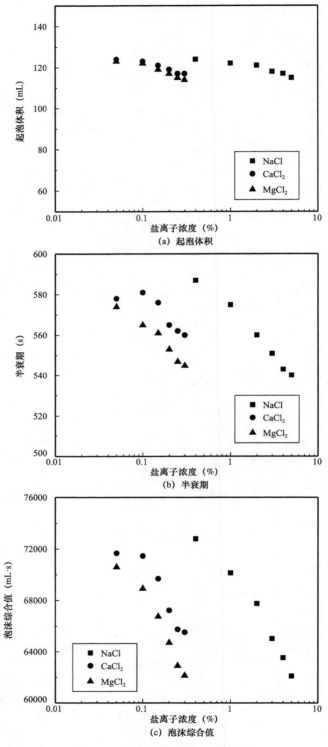

图 7-8 盐离子对起泡性能的影响

（四）原油的影响

水驱之后，仍有大量剩余油滞留在地层中。当进行泡沫调驱时，受泡沫"遇水稳定，遇油消泡"特点及地层压力选择性注入的影响，泡沫优先进入高渗透区，并在含水饱和度较高的区域稳定存在，但不可避免的仍与地层中剩余油接触，影响泡沫的稳定性。因此，实验考察了不同原油浓度条件下冻胶分散体三相泡沫体系（0.06% 冻胶分散体 +0.3% 起泡剂）的稳定性，其中气液比为 3：1，结果如图 7-9 所示。

图 7-9 给出了原油对常规液相泡沫和冻胶分散体泡沫体系稳定性的影响。原油加入降低了两种泡沫体系的起泡性能，原油浓度越高，起泡性能越差。结果表明，两种泡沫均具有"遇水稳定，遇油消泡"的特点，油相降低了泡沫的稳定性。当泡沫体系接触油相时，油滴将在气液界面扩散并进入表面活性剂分子吸附层，会显著降低该处的表面张力而泡沫周围的表面张力几乎没有变化，表面张力降低部分被强烈的向四周牵引、延伸，最终破裂[5-6]。当添加冻胶分散体颗粒时，改变了泡沫液膜结构，泡沫液膜由水溶液变成黏弹性膜，结构强度大幅增加，减缓了原油进入气—液界面的扩散速率，使得冻胶分散体三相泡沫比常规液相泡沫具有更高的稳定性。

二、冻胶分散体三相泡沫应用潜力评价

（一）封堵特征

采用单管岩心实验物理模型对比分析了常规液相泡沫（0.3% 起泡剂）和冻胶分散体三相泡沫体系（0.06% 冻胶分散体 +0.3% 起泡剂）的封堵能力，其中注入方式为气液混注，注入速度为 1mL/min，注入体积 1PV，气液比 1：1，温度 80℃，岩心渗透率为 1.05D，以阻力系数和残余阻力系数评价泡沫体系的封堵性能，发泡装置如图 7-10 所示，实验结果如图 7-11 所示。

由图 7-11 可知，两种泡沫体系的阻力系数随着注入量增加逐渐增大，当泡沫注入量为 1PV 时，阻力系数达到最大值。当转水驱阶段，残余阻力系数逐渐降低，持续水驱 3PV 后仍维持较高的残余阻力系数，表明泡沫体系具有良好封堵和耐冲刷性能。通过对比发现，注入阶段和后续水驱阶段，冻胶分散体三相泡沫体系的阻力系数和残余阻力系数明显高于常规液相泡沫体系。常规液相泡沫体系稳定性较差，仅通过泡沫的 Jamin 效应或叠加的 Jamin 效应实现对储层调控，封堵能力有限。对于冻胶分散体三相泡沫，依靠颗粒的黏弹性和吸附特点提高了泡沫的稳定性，叠加泡沫的封堵特点和颗粒自身封堵特性实现对储层的有效调控。后续水驱阶段，泡沫消泡之后，残留在泡沫中的冻胶分散体颗粒仍能在地层孔喉处聚集、架桥，对储层形成有效的二次封堵，进一步提高了对储层调控能力。

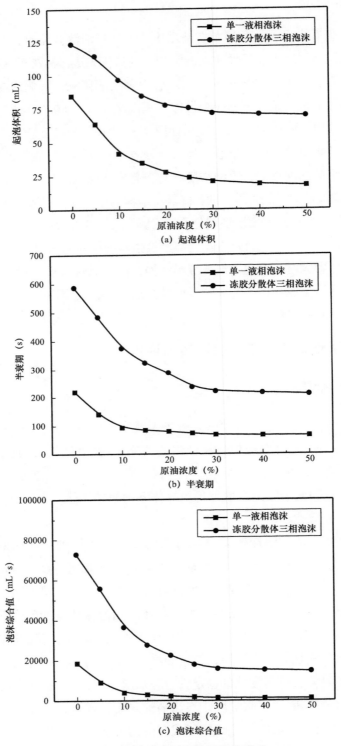

图 7-9　原油浓度对起泡性能的影响

图 7-10　泡沫发生仪

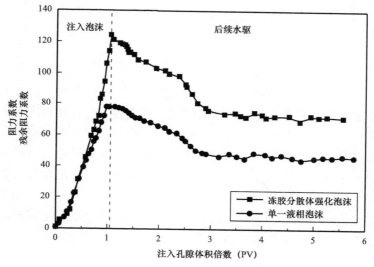

图 7-11　冻胶分散体三相泡沫的封堵能力

（二）采收率增值潜力

采用单管岩心实验物理模型考察了冻胶分散体三相泡沫体系（0.06% 冻胶分散体 + 0.3% 起泡剂）的采收率增值潜力，其中注入方式为气液混注，注入速度为 1mL/min，注入体积 1PV，气液比 1 : 1，温度 80℃，实验结果见表 7-1 和图 7-12。

表 7-1　冻胶分散体三相泡沫驱油效果

渗透率 （D）	长度 （cm）	直径 （cm）	孔隙体积 （mL）	含油饱 和度（%）	采收率（%）			采收率 增值（%）
					水驱阶段	注入阶段	后续水驱	
1.82	10	2.5	14.7	82.7	29.69	43.26	61.33	31.64

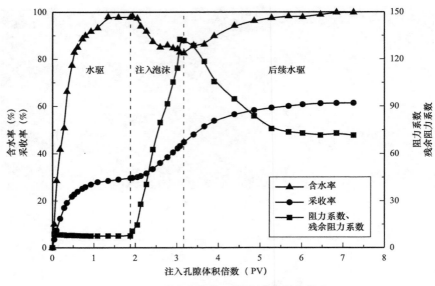

图 7-12　冻胶分散体三相泡沫的封堵能力

表 7-1 和图 7-12 给出了水驱阶段、注入冻胶分散体三相泡沫和后续水驱阶段的采收率增值情况。注水阶段，长期注水开发使得储层非均质性发育，导致水驱波及程度低，剩余油含量高。当注入冻胶分散体三相泡沫之后，由于泡沫选择性封堵和地层压力选择性封堵的特点，泡沫优先进入高渗透层，通过泡沫的 Jamin 效应和颗粒自身封堵效应对储层进行有效调控，迫使泡沫转向中低渗透层区域，提高了驱油效率，泡沫注入阶段可提高采收率增值 13.57%。当转向后续水驱时，由于冻胶分散体三相泡沫在地层中具有较高的稳定性，能够保持较高的封堵压力，进一步提高了中低渗透层剩余油的动用程度，使得采收率增值大幅度增加，表明冻胶分散体三相泡沫具有较好的应用潜力。

第三节　冻胶分散体三相泡沫稳定作用机制

泡沫稳定性取决于气泡之间液体的排液速度，排液速度越慢，泡沫越稳定。本节从界面膜颗粒吸附特征、界面膜黏弹性、表面张力和表面电荷四个界面行为探讨影响冻胶分散体三相泡沫的稳定机制。建立了微通道实验模型，考察了多孔介质中气泡演变过程以及在突缩突扩结构聚并和破裂行为，并在此基础上提出了气泡生成的一般模型，破裂机理和颗粒抑制气泡聚并机理，以揭示冻胶分散体三相泡沫的稳定作用机制。

一、冻胶分散体三相泡沫界面膜稳定机制

（一）界面膜颗粒吸附特征

采用光学显微镜观察了常规液相泡沫和冻胶分散体颗粒在泡沫液膜表面的吸附特点，实验结果如图 7-13 所示。分析可知，常规液相泡沫多为疏松且为不同形态大小的泡沫体

系，在泡沫形成过程中，气泡很容易合并成较大气泡，但形成的大泡沫液膜较薄，容易破裂，导致泡沫体系不稳定［图 7-13（b）］。对于冻胶分散体三相泡沫体系，泡沫变得致密且均匀［图 7-13（c）］。冻胶分散体颗粒吸附在泡沫液膜表面，增加了液膜厚度并提高了液膜的黏弹性，有效阻止了泡沫的收缩和聚结。游离在液膜间的冻胶分散体颗粒，在泡沫之间形成稳定的结构层，阻止了泡沫的聚并，提升了泡沫稳定性。此外，对比分析常规液相泡沫和冻胶分散体三相泡沫的 Plateau 边界，常规液相泡沫 Plateau 边界液膜较薄，而冻胶分散体三相泡沫 Plateau 边界液膜较厚，且有颗粒形成致密的骨架结构［图 7-13（f）］，强化了冻胶分散体三相泡沫的稳定性。

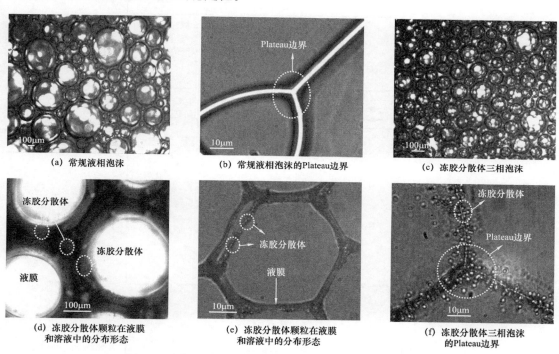

(a) 常规液相泡沫　　　(b) 常规液相泡沫的Plateau边界　　　(c) 冻胶分散体三相泡沫

(d) 冻胶分散体颗粒在液膜　　(e) 冻胶分散体颗粒在液膜　　(f) 冻胶分散体三相泡沫
　　和溶液中的分布形态　　　　和溶液中的分布形态　　　　　的Plateau边界

图 7-13　常规液相泡沫和冻胶分散体三相泡沫微观形貌[7]

（二）黏度影响

借助体相流变仪（HAAKE MARS 60，德国）分别研究了常规液相泡沫（0.3% 起泡剂）和冻胶分散体三相泡沫（0.06% 冻胶分散体 +0.3% 起泡剂）的黏度和体相黏弹模量，结果如图 7-14 和图 7-15 所示。由图 7-14 可知，随着剪切速度增大，泡沫黏度逐渐降低。起泡后的常规液相泡沫随着频率的增加，黏度由 200mPa·s 降至 20mPa·s，黏度损失较大。而起泡后的冻胶分散体三相泡沫整体具有较高黏度，当剪切频率达到 100s^{-1} 时，黏度仍可维持在 200mPa·s，表明加入冻胶分散体颗粒后，泡沫黏度增大，黏度的增加会增大表面活性剂分子在 Plateau 边界处的流动阻力，减缓了液膜排液速率，提高了泡沫的稳定性。

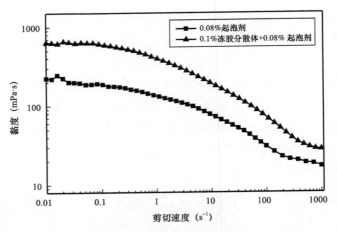

图 7-14　不同泡沫体系的黏度

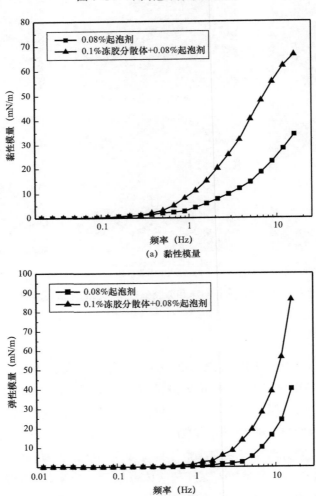

（a）黏性模量

（b）弹性模量

图 7-15　不同泡沫体系的模量

由图 7-15 所示，随着频率增大，泡沫的体相黏弹模量均呈指数上升，即泡沫在低频率下呈现液体性质，在高频率下呈现类固体的性质。加入冻胶分散体后的三相泡沫黏性模量和弹性模量均增大，其中弹性模量增加更为明显，频率增至 10Hz 时，三相泡沫的弹性模量达到 16.7mN/m，是常规液相泡沫的 3.2 倍，表明冻胶分散体三相泡沫具有更好的抵抗外界干扰能力和机械强度。

（三）表面张力

根据 Gibbs 自由能原理，体系总是趋向于较低的表面能状态。表面张力越低，毛细管压力越小，泡沫排液速度越慢，泡沫体系能量降低，有利于泡沫稳定。实验分析了添加冻胶分散体颗粒之后的表面张力变化，固定冻胶分散体浓度为 0.06%，测试仪器为法国 TECLIS 界面流变仪，温度 30℃，结果如图 7-16 所示。分析可知，两种泡沫体系的表面张力随着起泡剂浓度的升高而降低，常规液相起泡液的表面张力明显低于冻胶分散体三相泡沫体系。冻胶分散体的加入增加了起泡液体系的表面张力，会对泡沫稳定性产生不利影响。但冻胶分散体颗粒的加入也增加了液膜的黏弹性和厚度，能够抵消表面张力增大带来的不利影响。因此，当起泡液表面张力增加时，冻胶分散体三相泡沫仍具有良好的发泡能力和稳定性。

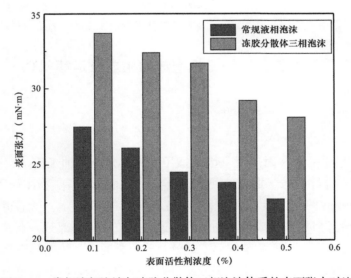

图 7-16　常规液相泡沫与冻胶分散体三相泡沫体系的表面张力对比

（四）表面电荷

带电荷的气泡间液膜静电排斥力可阻止液膜变薄和泡沫聚并，起到增加泡沫稳定性的作用。固定冻胶分散体浓度为 0.06%，采用德国布鲁克 NanoBrook Omni 测定了起泡液的 Zeta 电位，温度 30℃，结果如图 7-17 所示。分析可知，冻胶分散体和起泡剂均为负电荷，但冻胶分散体颗粒的 Zeta 电位绝对值明显低于起泡剂。单一冻胶分散体的 Zeta 电位绝对值低于 30mV，具有弱稳定性的特点。当吸附表面活性剂分子之后，冻胶分散体的 Zeta 电位绝对值迅速增加，增加了颗粒之间的排斥力，阻止颗粒聚结。当形成气泡时，冻胶分散体颗粒可以均匀地吸附在气液界面处，由于冻胶分散体 Zeta 电位绝对值增加，增大了泡沫液膜间的静电斥力作用，进而阻止泡沫间的聚并，增强了泡沫稳定性。

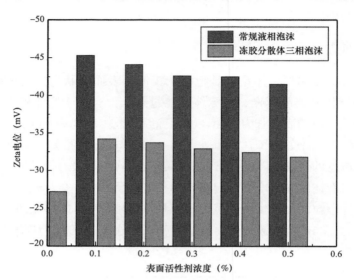

图 7-17　常规液相泡沫与冻胶分散体强化泡沫体系的 Zeta 电位

二、多孔介质中冻胶分散体三相泡沫的生成及运移机理[8]

（一）微通道多孔介质流动实验设计

1. 微通道多孔介质模型设计

实验所用微芯片是由聚丙烯甲基丙烯酸甲酯（PMMA）加工而成，聚丙烯甲基丙烯酸甲酯是一种透光性好，易于加工的硬质聚合物。微通道设备实物图如图 7-18 所示，通道截面边长为 600μm 的正方形。微芯片的示意图如图 7-19 所示，微通道的上游是一个十字形分叉口，该分叉口用来生成气泡的，为微通道系统的第一部分。在其下游是 5 个约为 3cm 长的蛇形通道，为微通道系统的第二部分。整个微通道系统的第三部分是 5 个突缩突扩结构。本文实验观察的是气泡在十字分叉口处的破裂过程，以及在第一个突缩突扩结构处气泡的破裂和聚并过程。

2. 实验步骤

气泡的生成和流动特性的实验装置主要分为流体控制系统和图像捕获采集系统。实验装置如图 7-20 所示。气体和液体驱动及流量控制均由装有注射器的微量注射泵控制，注射器和通道之间用聚乙烯胶管连接。

微通道内气泡的流动及破裂过程由高速摄像仪捕集（图 7-21），并通过数据线传输至与之相连的电脑以便保存。

图 7-18 微通道模型实物

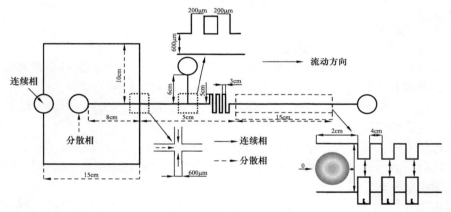

图 7-19 微通道示意图

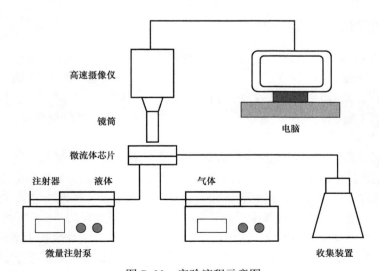

图 7-20 实验流程示意图

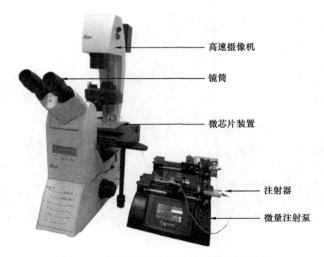

图 7-21　气泡生成及流动实验装置实物图

气泡流动及破裂的实验步骤如下：

（1）检查微通道及注射器的气密性；

（2）在注射器内分别装满气体和液体，并按照图 7-21 所示连接好注射器和微通道；

（3）调节微芯片和高速摄像仪之间的相对位置，以获取清晰的图像；

（4）启动微量注射泵，设置好气相和液相流量至预设值，驱动气体和液体；

（5）待生成的气泡稳定后，采集图像并保存；

（6）每更改一次操作条件至少稳定 5min，以保证气泡生成过程稳定；

（7）实验结束后，采用去离子水清洗通道，用气体将通道内剩余的液体排尽以备下次使用，关闭注射泵和拍摄系统。

实验中选用起泡剂为十二烷基硫酸钠（SDS），冻胶分散体为无机纳米颗粒强化本体冻胶经机械剪切制得。

（二）三相泡沫的生成机理

气泡尺寸影响着泡沫的致密程度，因此有必要研究气泡生成过程中尺寸的变化。通常以气泡半径、长度和体积来表征气泡的大小。本文选择气泡体积 V_b 来表征气泡的大小。气泡的生成过程是稳定的周期性过程，因此 $V_b=Q_gT$，其中，Q_b 是气相的体积流量，T 是气泡的生成周期（数据处理时，选取 5 个气泡生成周期，获取平均周期）。

1. 气泡的生成过程

气泡的生成过程可以用高速摄像仪观察并记录下来。图 7-22 显示了同一操作条件下，气泡在不同液相流量下的生成过程。气泡主体紧贴壁面，气泡宽度等于通道宽度。气泡进入十字通道后，气泡头呈半圆形迅速膨胀，随着气液流速的推进，气泡头进入主通道后，外凸的颈部逐渐收缩，最后夹断形成气泡。对比图 7-22（A）和图 7-22（B）可以发现，在较高的液相流速下，气泡生成周期较短，形成的气泡较小，气泡夹断发生在十字通道中间位置；较低液相流速下，气泡夹断发生在主通道内，气泡生成周期较长并且形成的气泡较大。

通过气泡的生成过程可知，特定气相流速下，液相流速在气泡生成过程中发挥了重要作用。气泡生成过程中，随着液相流量的增大，气泡生成周期缩短，气泡体积减小，生成的气泡形状较长。

Dietrich 等认为，在气泡的生成和流动过程中，气液界面受惯性力、黏性力和表面张力共同作用。因此，液相流量增大，使得气泡受到的挤压力较大，气泡容易夹断，因此会导致气泡在生成过程气泡尺寸、生成周期和形状的变化。

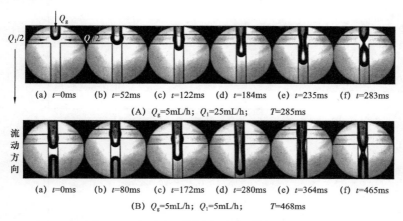

图 7-22 气泡在不同液相流速下的生成过程

2. 气泡的尺寸分布规律

气泡尺寸随液相流量的变化规律如图 7-23 所示。其中。固定气相流量为 5mL/h，气泡体积随着气液比的增大而增大，并且气泡体积和气液比符合幂函数关系：$V_b \propto \phi^\gamma$，拟合结果以对数坐标绘制于图 7-23（b），其中 $\gamma=0.61$，同时可以看出，随着液相流量的增大，气泡体积的变化接近一个数量级。这表明可以通过改变液相流量调控气泡体积大小。

气相流速对气泡尺寸的影响规律如图 7-24 所示。由图可以看出，气泡体积随液相流速、气液比的增大而增大，并且气泡体积和气液比符合幂函数关系：$V_b \propto \phi^\gamma$，拟合结果以对数坐标绘制于图 7-24（b），其中 $\gamma=0.54$，另外，从图中可以看出，在实验范围内，气泡体积变化接近一个数量级，说明气相流速对于气泡的尺寸有较大调控作用。

从图 7-23 和图 7-24 可知，气泡大小受气液两相流量的影响，这与挤压机理吻合：气泡体积随液相流量的增大而减小，随气相流量的增大而增大。因此，泡沫在油田实际应用中，可以通过控制气相流量和液量流量来调控气泡的大小，进而控制泡沫的致密程度。

3. 气泡的界面夹断规律

1）气泡的界面夹断过程

图 7-25 显示了泡沫生成的周期过程，图 7-25 显示了其下方相应时刻的泡沫生成情况，其中泡沫生成时刻 $t=0\mu s$。图 7-25（a）和图 7-25（b）显示，气泡投在聚焦区域膨胀。图 7-25（c）显示气泡头开始进入主通道，外凸的颈部开始夹断。图 7-25（d）至图 7-25（f）显示，气体头部完全填充了主通道，正在夹断的内凹颈部被限制在聚焦区域。

2）冻胶分散体加入对气泡的界面夹断规律的影响

实验测定 0.3% 冻胶分散体溶液的黏度，测定结果为 9.1mPa·s，在一定量的水中逐

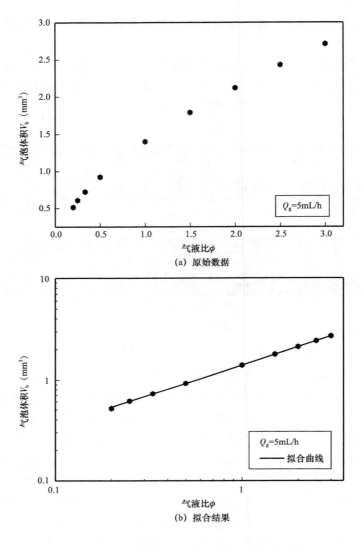

图 7-23　气泡体积 V_b 随气液比 ϕ 的变化规律

渐加入甘油调配成与其同等黏度，然后配成 0.3% 起泡剂溶液。通过微流体设备观察记录气泡的生成过程。通过分析处理数据获得了加入甘油和冻胶分散体三相气泡的界面夹断规律，颈部宽度随剩余时间演变规律如图 7-26 所示，图中 τ 为剩余时间，t 表示夹断时间，t_c 表示颈部破裂时刻，$\tau=t_c-t$。图 7-26（a）中曲线的斜率表示气泡颈部界面夹断的速度。为了直观对比气泡的界面夹断速度，通过将其绘制于对数坐标，如图 7-26（b）和图 7-26（c）所示，拟合曲线得到了气泡界面夹断指数 α，α 表示气泡的界面夹断速度。通过对比可以看出，加入冻胶分散体的气泡夹断规律曲线上升较加入甘油的上升更快一些，即加入冻胶分散体的气泡破裂速度更快一些，说明冻胶分散体颗粒能够促进气泡在孔喉结构的夹断，加速气泡生成，这对于泡沫调驱是有利的。气泡生成速度的加快有利于延长泡沫的半衰期，使其在孔喉介质中更长时间的稳定存在，有效发挥封堵及调驱性能。

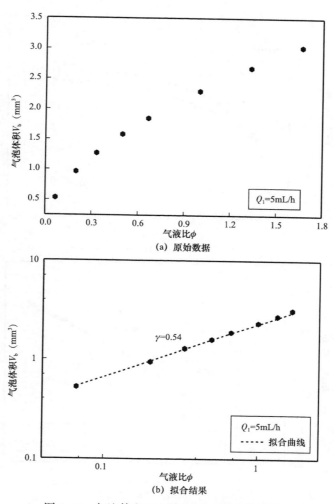

（a）原始数据

（b）拟合结果

图 7-24　气泡体积 V_b 随气液比 ϕ 的变化规律

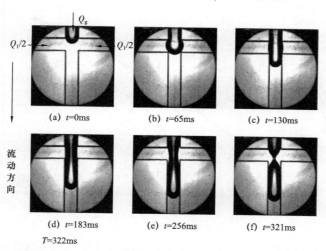

（a）t=0ms　　　（b）t=65ms　　　（c）t=130ms

（d）t=183ms　　　（e）t=256ms　　　（f）t=321ms

T=322ms

图 7-25　周期性泡沫生成过程示意图（$Q_l=Q_g$=15mL/h）

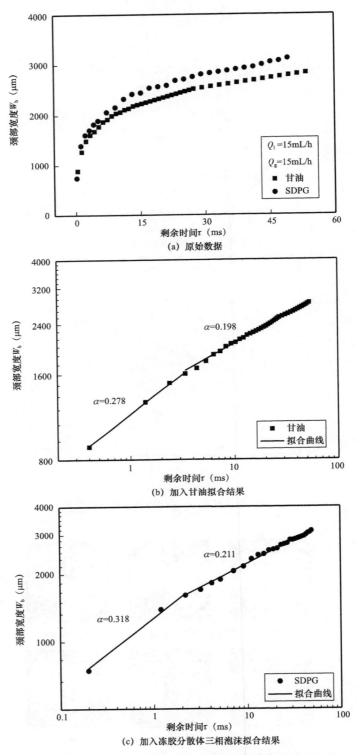

图 7-26 颈部最小宽度 W_b 随气泡夹断剩余时间 τ 的演变规律对比

3）流速对于气泡界面夹断规律的影响

实验获取了一系列液相流速下的气泡夹断过程中数据，通过分析将其绘制于图 7-27，结果表明，液相流量的大小对气泡初始夹断速度有较大影响。随着液相流量的增加，初始夹断速度逐渐增大。在特定液相流量下，随着夹断的进行，颈部破裂速度加快。同时，各个流量下的曲线逐渐汇聚，表明液体的挤压作用逐渐减弱。在夹断速度迅速增大后，不同流量下的气泡颈部均以相同规律夹断，流量变化的影响十分微弱。

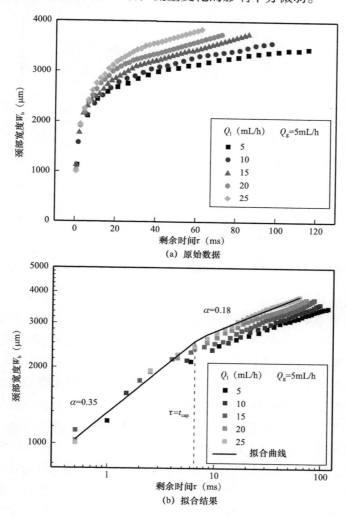

图 7-27　颈部最小宽度 W_b 随气泡夹断剩余时间 τ 的演变规律

为了考察气泡的破裂规律，本文将颈部宽度与剩余时间的数据参照 Bergmann 等方法进行拟合，假设 $W_b=A\tau^{\alpha}$，并将拟合结果以对数坐标绘制在图 7-27（b）中，不同斜率的间断线表示相应曲线段的夹断指数。Gartecki 等认为，当颈部界面的形变时间大于颈部破裂时间时（即 $t_{cap}>\tau$ 时），界面会快速进行非平衡破裂，夹断过程不再受液体挤压作用的影响。卢玉涛等认为，剩余时间和颈部界面的形变时间存在大小关系：在夹断速度突变前，

$t_{cap}<\tau$，夹断速度的突变发生在 $t_{cap}\approx\tau$ 之时，在夹断速度突变后，$t_{cap}>\tau$。当 $\tau>t_{cap}$ 时，由于液体速度的强烈作用，称之为液体破裂阶段；当 $\tau<t_{cap}$ 时，液相流量影响较小，称之为自由破裂阶段。

另外，实验考察了一系列气相流速下气泡夹断过程中的作用，结果如图 7-28 所示。由图可以看出，气相流速对于气泡生成过程的影响十分微弱，不同气相流速下的气泡破裂过程没有明显差异。

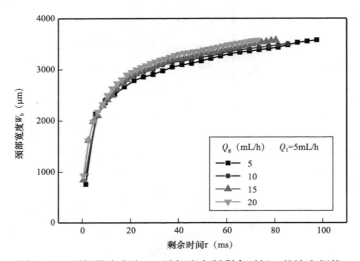

图 7-28　颈部最小宽度 W_b 随气泡夹断剩余时间 τ 的演变规律

4. 气泡的形成模型

图 7-29 显示了气泡的颈部宽度 W_b 随时间演变规律及其对应的颈部界面轮廓图，通过分析图片，记录了气泡头颈部 W_b 的演变过程（对于膨胀阶段，W_b 表示最大的颈部宽度，而对于夹断阶段，W_b 表示最小的颈部宽度）。如图 7-29 所示，一个完整的气泡生成周期由四个阶段组成：膨胀阶段、线性夹断阶段、挤压坍塌阶段和自由破裂阶段。膨胀阶段与线性夹断阶段界面形状主要受表面张力的控制；线性坍塌阶段，颈部宽度主要受来流液体的挤压作用，其速度与液相流量成正比。颈部脱离通道壁面后，颈部逐渐收缩，非线性界面夹断开始，气泡颈部宽度与剩余时间满足幂函数关系 $r_o\propto\tau^\alpha$。第三阶段为挤压坍塌阶段，颈部在液体挤压力和表面张力的共同作用下夹断；第四阶段为自由破裂阶段，相界面在界面张力的作用下开始夹断，在液体惯性力的控制下破裂，几乎不受初始液相流量的影响。

（三）三相泡沫在突缩突扩结构微通道的运移机理

1. 三相气泡在突缩突扩结构的破裂及聚并行为

气泡的聚并呈随机性，本实验在特定的实验条件下进行。固定起泡剂浓度为 0.3%，考察不同冻胶分散体浓度及同等黏度条件下加入甘油的泡沫破裂及聚并行为，其中，气体体积流量为 Q_g=5mL/h，液体体积流量为 Q_l=10mL/h。

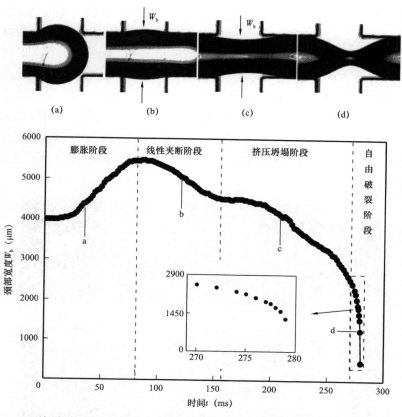

图 7-29 颈部宽度 W_b 随时间的演变规律及其对应颈部界面轮廓图（Q_l=Q_g=15mL/h）

实验对比了两种体系在微通道突缩突扩结构生成气泡的聚并行为。统计通过突缩突扩结构中每 1000 个气泡里面聚并的气泡个数，实验统计了 5 次并取最终平均值，对比了同黏度下加入 SDPG 和甘油的 SDS 溶液中气泡聚并情况，实验结果如图 7-30 所示。

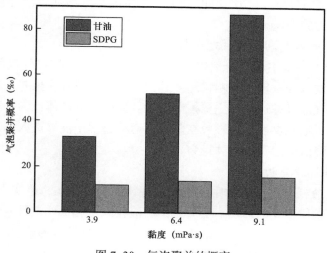

图 7-30 气泡聚并的概率

实验发现，随着甘油和冻胶分散体浓度增加，聚并的气泡数量逐渐增大，在加入甘油和冻胶分散体相同溶液黏度下，加入甘油的起泡剂溶液明显比加入冻胶分散体三相泡沫体系聚并的气泡个数多，表明冻胶分散体颗粒能有效抑制气泡间的聚并行为，这对于泡沫在油田调驱的应用是有利的。

图 7-31 显示了加入甘油的起泡剂溶液中小气泡通过突缩口被夹断并追上大气泡，连在一起，最后聚并的过程。整个过程持续周期为 39ms。在前 30ms，前面的大气泡通过突缩口分离出小气泡，之后小气泡与在突扩口的大气泡相连，并迅速聚并。在突扩口的大气泡由于受前后压力作用，不能向前运移，因此，后面分离出的小气泡会迅速追上大气泡并聚并逐渐发展成为一个新的大气泡。

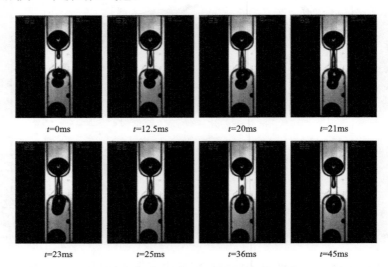

$t=0ms$ $t=12.5ms$ $t=20ms$ $t=21ms$

$t=23ms$ $t=25ms$ $t=36ms$ $t=45ms$

图 7-31 加入甘油的溶液产生的气泡通过突缩突扩结构的运移行为图

图 7-32 直观显示了加入冻胶分散体起泡剂溶液产生的大气泡通过突缩突扩结构时不断被夹断产生小气泡的过程。由图可以看出，产生的小气泡随着液体推进，不断向前运移，但没有聚并行为的出现。

2. 冻胶分散体抑制气泡聚并机理分析

气泡聚并的发生是从主通道分离出的小气泡与前面的突扩口气泡间的结合，实验发现，黏度对于气泡的聚并有较大影响，黏度越大，气泡间越容易聚并。气泡之间液膜桥的发展及其所受力为气泡聚并过程的主要控制因素。而冻胶分散体作为一种黏弹性颗粒，虽在一定程度上增加了液相黏度，但颗粒在随气泡运移过程中能够进入两气泡之间，有效阻止液膜桥的形成，降低气泡间的聚并行为。

3. 气泡的破裂机理分析

Burton 等发现液相黏度对流体中气泡破裂规律有显著影响，事实上，除了液相黏度，气泡尺寸还受操作条件变化的影响。实验考察了液相黏度和操作条件对气泡在微通道突扩口破裂过程的影响。固定起泡剂浓度为 0.3%，调整冻胶分散体的浓度，实验取前 20 个气泡统计尺寸并取平均值，分别取 5 组取平均值。

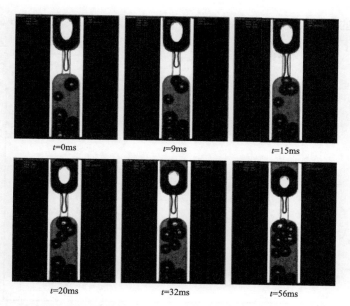

图 7-32 加入冻胶分散体的溶液产生的大气泡通过突缩突扩结构的运移行为图

不同浓度下的冻胶分散体三相泡沫体系溶液黏度见表 7-2。

表 7-2 不同浓度下的冻胶分散体三相泡沫体系溶液黏度

SDPG 浓度（%）	0.1	0.2	0.3	0.4	0.5
黏度（mPa·s）	3.9	5.3	6.4	8.1	9.1

实验研究了加入不同浓度的冻胶分散体对气泡在突扩口破裂尺寸的影响，气泡直径如图 7-33 所示，可以看出，气泡尺寸几乎不受溶液黏度变化的影响，这与 Burton 等得到的在低黏范围内（＜10mPa·s），气泡的破裂尺寸不受黏度变化的影响结论是一致的。

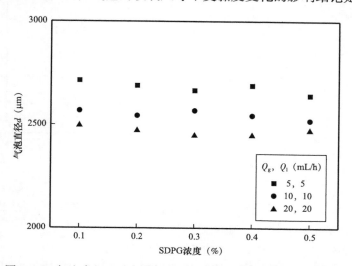

图 7-33 气泡直径 d 随冻胶分散体三相泡沫溶液黏度的变化规律

突缩突扩口的气泡尺寸随液相流量的变化规律如图 7-34 所示。在特定的气相流量下，气泡尺寸随气液比的增大而增大，说明可以通过改变液相流量来控制突扩口形成气泡的大小。

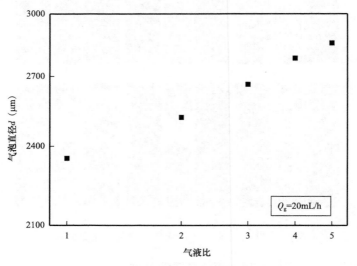

图 7-34　气泡直径 d 随气液比 ϕ 的变化规律

图 7-35 显示了气相流量的变化对于气泡尺寸的影响。由图可以看出，气泡尺寸随气液比的增大而增大，即随气相流量的增大而增大。

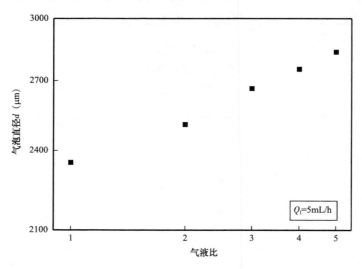

图 7-35　气泡直径 d 随气液比 ϕ 的变化规律

综上分析，可以看出，气泡尺寸的大小受气液流量的影响，这与挤压机理是一致的：气泡大小随气相流量增大而增大，随液相流量增大而减小。

总之，操作条件和液相黏度在气泡的破裂过程中具有重要作用。挤压机理认为挤压作用对于气泡形成过程有重要作用，气泡的尺寸依赖于气液比。剪切机理强调，剪切力在气泡的形成过程中占主导地位，气泡的尺寸依赖于毛细管数。本实验中所采用液体是低黏液体，因此挤压力是气泡形成的控制因素。

通过经典的 Rayleigh-Plateau 界面不稳定理论和气泡颈部挤压破裂理论可以解释气泡在孔喉单元中的破裂行为。当气泡头部到由喉道进入孔道时，通道的流动空间迅速增大，气泡头在径向方向膨胀，呈椭圆形，此时气泡头部平均曲率小于喉道内气液界面曲率，因此喉道中气体在压差驱动下流向气泡头部产生类似挤压破裂的效果。其次，随着气泡头部不断向孔道中延伸，当气泡几何形貌满足 Rayleigh-Plateau 不稳定条件时（气泡长度大于截面周长），气液界面失稳，气泡被夹断，产生子气泡。

第四节 冻胶分散体三相泡沫调驱体系注入工艺参数

建立单管岩心物理实验模型，以阻力系数和残余阻力系数为评价指标，优化冻胶分散体三相泡沫调驱体系的注入方式、注气速度、注入量和气液比，为矿场施工提供指导。

一、注入方式优化

泡沫主要通过气液混注和分段塞交替注入两种方式开展现场施工。室内对比考察了两种注入方式的阻力系数和残余阻力系数，其中注入冻胶分散体三相泡沫体系配方为：0.06%冻胶分散体 +0.3% 起泡剂，气源为氮气，注入气液比为 1：1，注气速度为 0.5mL/min，实验温度 85℃，注入参数见表 7-3，结果如图 7-36 所示。

表 7-3 不同注入方式条件下的岩心参数及平稳阻力系数

注入方案	岩心渗透率（D）	孔隙体积（mL）	注入量（PV）	平稳阻力系数
气液混注	1.05	30	1	71.08
交替注入	1.04	29	1	32.2

由图 7-36 可知，气液混注方式的阻力系数及残余阻力系数明显高于气液交替注入的方式。混注方式采用地面发泡，气体与起泡液充分接触混合，生成更多的泡沫，使起泡液发泡能力发挥到最大。注入地层中是以泡沫的形式在多孔介质中渗流，存在较强的 Jamin 效应，产生较高阻力系数。气液交替注入方式易造成气体与起泡液接触不充分，地下起泡效果不理想，但施工方便，多适用于注入压力高、低渗透油藏调驱作业。因此，可根据目标区块储层非均质性情况和注入设备情况，选择合适的注入方式开展矿场施工。

二、气液比优化

建立单管岩心实验物理模型优化冻胶分散体三相泡沫的气液比，其中冻胶分散体三相泡沫体系配方为：0.06% 冻胶分散体 +0.3% 起泡剂，气源为氮气，注入量 1PV，注入速度为 0.5mL/min，注入方式为气液混注，实验温度 85℃，注入参数见表 7-4，结果如图 7-37所示。

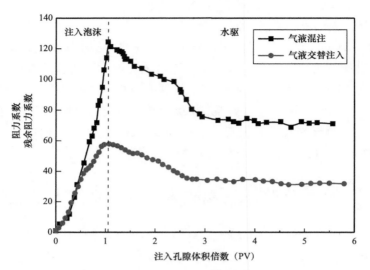

图 7-36 不同注入方式对泡沫封堵性能的影响

表 7-4 不同注入量条件下的岩心参数及平稳阻力系数

气液比	岩心渗透率（D）	孔隙体积（mL）	平稳阻力系数
1：1	1.04	29	71.08
2：1	1.05	29	50.86
4：1	0.98	33	45.95

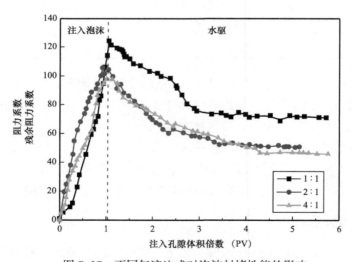

图 7-37 不同气液比式对泡沫封堵性能的影响

由表 7-4 和图 7-37 可知，当气液比为 1：1 时，冻胶分散体三相泡沫的封堵能力达到最佳。气液比越大，形成的泡沫体积越大但不稳定。当泡沫进入地层时，多以破裂形式在多孔介质中运移，造成高气液比条件下封堵效果较差。因此，冻胶分散体三相泡沫的最佳气液比为 1∶1。

三、注气速度优化

注气速度直接影响泡沫在多孔介质中的稳定性及施工进度。若注气速度过快，生成泡沫体积较大，对注入设备要求较高，反之生成的泡沫质量较差，影响调驱效果。室内以阻力系数和残余阻力系数为评价指标，优化了冻胶分散体三相泡沫的注气速度，其中注入冻胶分散体三相泡沫体系配方为：0.06% 冻胶分散体 +0.3% 起泡剂，气源为氮气，注入气液比为 1∶1，注入方式为气液混注，实验温度 85℃，注入参数见表 7-5，结果如图 7-38 所示。

表 7-5 不同注气速度条件下的岩心参数及平稳阻力系数

注入速度（mL/min）	岩心渗透率（D）	孔隙体积（mL）	注入量（PV）	平稳阻力系数
0.25	1.03	30	1	61.33
0.50	1.04	29	1	71.08
0.75	1.10	30	1	54.97
1.00	1.08	32	1	45.88

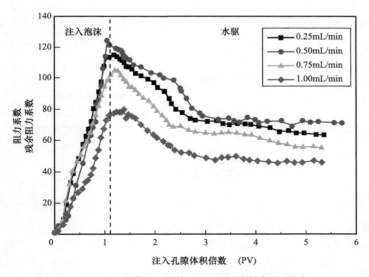

图 7-38 不同注入速度对泡沫封堵性能的影响

由表 7-5 和图 7-38 可知，注气速度对冻胶分散体三相泡沫的封堵性能有着显著影响，当注入速度为 0.5mL/min 时，泡沫在多孔介质及后续水驱过程中的封堵性能最优。注气速度过高时，气液混合产生的泡沫体积较大但强度较低，在多孔介质中多以破裂的形式通过孔喉，使得阻力系数较低；注气速度较低时，氮气与起泡剂能够充分混合，生成小而紧密的泡沫体系，在多孔介质中的稳定性较高，注入过程及后续水驱阶段具有较高的封堵性能。

四、注入量优化

建立单管岩心实验物理模型优化冻胶分散体三相泡沫的注入量，其中注入冻胶分散体三相泡沫体系配方为：0.06% 冻胶分散体 +0.3% 起泡剂，气源为氮气，注入气液比为 1：1，注入速度为 0.5mL/min，注入方式为气液混注，实验温度 85℃，注入参数见表 7-6，结果如图 7-39 所示。

表 7-6　不同注入量条件下的岩心参数及平稳阻力系数

注入量（PV）	岩心渗透率（D）	孔隙体积（mL）	平稳阻力系数
0.5	1.03	28	22.89
1.0	1.04	29	71.08
1.5	1.10	34	88.03

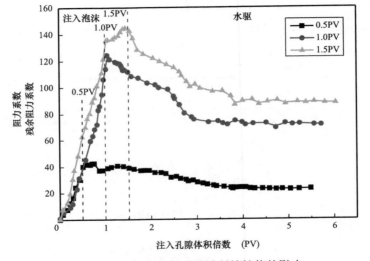

图 7-39　不同注入量对泡沫封堵性能的影响

由表 7-6 和图 7-39 可知，随着注入量增加，冻胶分散体三相泡沫体系的阻力系数和残余阻力系数增大，当注入量为 1.5PV 时，平稳阻力系数达到最大。注入量越大，多孔介质中冻胶分散体三相泡沫叠加的 Jamin 效应越大，对高渗透区域的封堵能力越强。此外，注入量增大，泡沫消泡后滞留在地层中的冻胶分散体颗粒数量增多，颗粒封堵效应增强。综合考虑成本及封堵强度，冻胶分散体三相泡沫的最佳注入量为 1.0PV。

第五节　矿场实例

一、实验区地质概况

春 2 单元含油面积为 0.79km²，孔隙度为 30.72%～38.46%，渗透率为 1469～6438mD，

地质储量为 49.0×10^4t，标定可采储量为 11.6×10^4t，采收率为 23.7%，生产层位 $N_1S_1 II_3$，储层岩性以含砾细砂岩为主，胶结疏松，为高孔、高渗透储层，储集条件好。2010 年 7 月开发，先后投入开发井 7 口，目前开井 3 口，累计产液 18.66×10^4t，产油 8.03×10^4t，采油速度 0.8%，采出程度 16.57%。

春 2 单元原始地层压力为 9.31MPa，地层温度为 41.55℃。地面原油密度为 0.9477g/cm³，油层温度下脱气原油黏度为 476.5mPa·s，油水黏度比达 952，由于该区边水能量充足、前期采液速度快，造成边水快速指进，边水波及体积小，驱油效率低，饱和度图显示边水指进明显。从图 7–40 可以看出，春 2 单元从 2010 年 11 月投产至今生产 6 年多，油藏低部位大部分已水淹，水淹部分含油饱和度为 25%～50%。

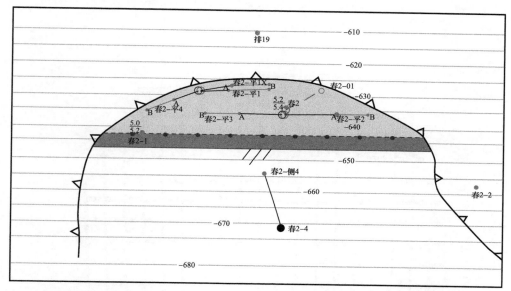

图 7–40　春光油田春 2 单元 $N_1S_1 II_2$ 小层平面图（$N_1S_1 II_2$ 小层顶面构造图）

二、实验区开发现状

（一）构造对剩余油分布的影响

春 2 区块为单斜构造砂体，北高南低，边水在南侧，构造低部位离边水近，水淹程度相对较高，构造高部位远离边水，剩余油相对富集，如图 7–41 和图 7–42 所示。

纵向上，油层底部水淹程度高，受到次生底水的影响，边水、次生底水共同作用导致含水较高，不利于顶部油层动用，油层顶部剩余油相对富集。

（二）压力系统对剩余油分布的影响

由于油井生产及边水的侵入，近井地带含油饱和度迅速下降，而在远井地带，靠近边水一侧的远井地带驱油效果相对较好，而远离边水一侧的驱油效果很不理想。主要原因在于远离边水一侧的能量供应有限，导致远离边水一侧动用程度低。

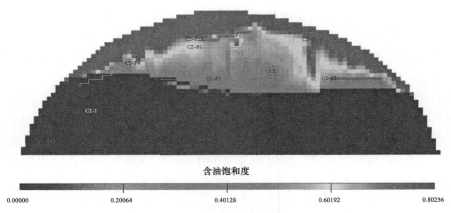

图 7-41　春 2 单元剩余油饱和度分布图

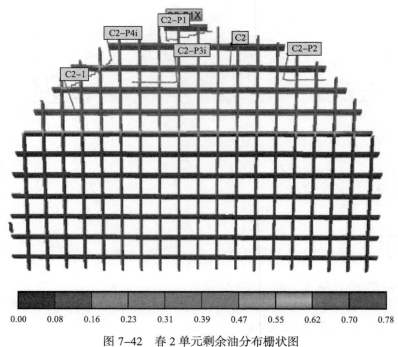

图 7-42　春 2 单元剩余油分布栅状图

（三）井网对剩余油分布的影响

剩余油富集区整体向远离边水一侧偏移，同时，由于春 2 区块的井位大多在油水边界附近，从而导致了较大无井控制地带的剩余油富集。

（四）井间滞留区形成剩余油

井间地带一些区域压力达到平衡，从而形成油层的滞留区，比如在春 2—平 1X 井和春 2 井的井间地带。同时春 2 井长期出砂等原因造成产液量低，井控制范围的动用程度差，井周围剩余油富集。

（五）油水渗流通道对剩余油的影响

区块整体高孔高渗，油藏油水流度比较大，水平井段局部边水突破后，形成优势渗流通道，使边水沿优势渗流通道流入井筒，波及系数减小，形成剩余油。

三、矿场施工

春2—平4井于2017年9月4日用10m³脱油污水，正打压试挤，求得吸水指数：压力3MPa，吸水395L/min，压力4.2MPa，吸水450L/min。2017年9月13日地面管线试压18MPa，试压合格。9月13日至9月15日，进行冻胶分散体三相泡沫调驱现场施工，正注氮气34453m³，压力2.25～10MPa，排量900m³/min。地面混注冻胶分散体三相泡沫液段塞111m³，压力6.8～9.3MPa，排量105L/min。正挤顶替液25m³，排量208L/min，压力8.94～4.6MPa。9月15日施工结束关井。施工过程中的压力变化曲线、注入情况如图7-43所示。

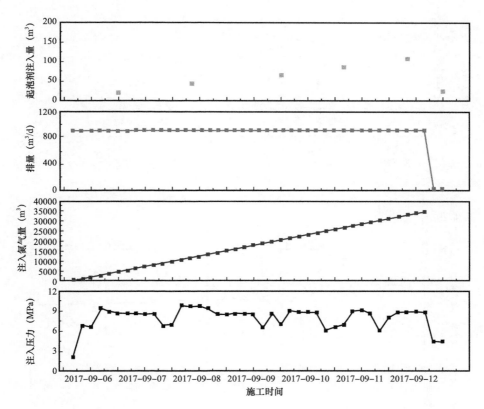

图7-43　春2—平4井三相泡沫抑水施工曲线图

2017年9月5日，春2—平3井用10m³脱油污水，正打压试挤，求得吸水指数：压力0MPa，吸水450L/min。于9月5日地面管线试压18MPa，试压合格。9月5日至9月12日，进行泡沫调驱现场施工，正注氮气139250m³，压力1.5～10.46MPa，排量900m³/min。

混注泡沫液 410m³，三相泡沫 42m³，压力 4～9.3MPa，排量 105～120L/min。9 月 12 日正挤顶替液 30m³，排量 215L/min，压力 8.6～4.6MPa。9 月 12 日施工结束关井。

四、施工效果分析

春 2—平 3 及春 2—平 4 井实施冻胶分散体三相泡沫调驱体系封堵高渗透通道，抑制平面窜流，施工后关井不采，高部位油井春 2—平 1X、春 2-01 井生产，生产曲线如图 7-44 所示。从春 2—平 1X 采油曲线上可以看出，施工结束后，产液量下降，但日产油

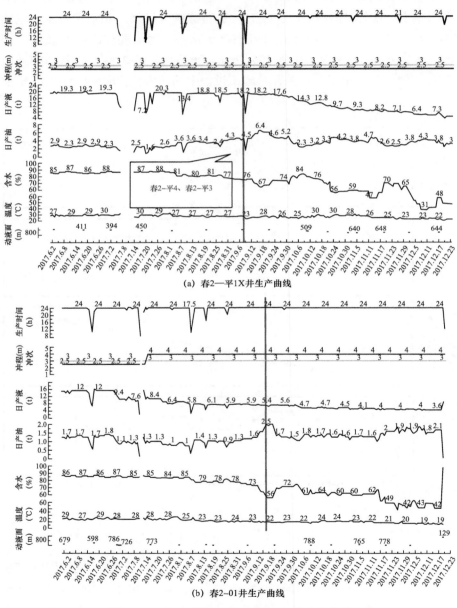

(a) 春2—平1X井生产曲线

(b) 春2-01井生产曲线

图 7-44　春 2—平 1X 井、春 2-01 井生产曲线

明显升高，由措施前的日产油 3.5t 上升到 4.6t，含水由 81% 降低至 73%，达到明显降水增油效果，累计增油 106t。从春 2-01 井可以看出，施工结束后产液量下降，日产油明显升高，由措施前的日产油 1.2t 上升到 1.8t，含水由 79% 降低至 67%，达到明显的降水增油效果，累计增油 90.1t。春 2—平 4 井、春 2—平 3 井施工结束后，春 2—平 1X 和春 2-01 井累计增油 196.1t，降水 1703.2t。

参 考 文 献

［1］Zhao G, Dai C, Zhang Y, et al. Enhanced Foam Stability by Adding Comb Polymer Gel for In-Depth Profile Control in High Temperature Reservoirs［J］. Colloids and Surfaces A：Physicochemical and Engineering Aspects, 2015, 482（3）：115-124.

［2］姚雪，孙宁，吕亚慧，等．泡沫调驱体系研究进展［J］.油田化学，2020，37（1）：169-177.

［3］Sun Q, Li Z, Li S, et al. Utilization of Surfactant-Stabilized Foam for Enhanced Oil Recovery by Adding Nanoparticles［J］. Energy & fuels, 2014, 28：2384-2394.

［4］Zhao G, Dai C, Wen D, et al. Stability Mechanism of a Novel Three-Phase Foam by Adding Dispersed Particle Gel［J］. Colloids and Surfaces A：Physico-chemical and Engineering Aspects, 2016, 497：214-224.

［5］Yao X, Zhao G, Dai C, et al. Interfacial Characteristics and the Stability Mechanism of a Dispersed Particle Gel（DPG）Three-Phase Foam［J］. Journal of Molecular Liquids, 2020：301.

［6］Harkins W. A General Thermodynamic Theory of the Spreading of Liquids to Form Duplex Films and of Liquids or Solids to Form Monolayers［J］. Journal of Chemical Physics, 1941, 9（7）：552.

［7］Simjoo M, Rezaei T, Andrianov A, et al. Foam Stability in the Presence of Oil：Effect of Surfactant Concentration and Oil Type［J］. Colloids and Surfaces A：Physicochemical and Engineering Aspects, 2013, 438：148-158.

［8］陈文霞．强化型冻胶分散体三相泡沫微通道生成及运移机理研究［D］.青岛：中国石油大学，2017：46-61.

第八章　多尺度冻胶分散体调驱技术展望

自 2004 年，历经 16 年，中国石油大学（华东）戴彩丽教授课题组一直致力于多尺度冻胶分散体深部调驱技术的理念创新、理论基础发展、工业化生产、装备开发、矿场应用等方面的科研攻关，创新形成了多尺度冻胶分散体深部调驱技术、冻胶分散体软体非均相复合驱替技术、冻胶分散体强化聚合物 / 表面活性剂驱油技术、冻胶分散体三相泡沫调驱技术四大技术体系。多尺度冻胶分散体技术体系的室内研究及矿场实施积累了宝贵经验，为推动本技术的产业化奠定了良好基础。但全球油气勘探开发对象已逐步从常规转向非常规、陆地转向海洋、浅层浅水转向深层深水，开采难度越来越大，对技术及装备的要求越来越高。多尺度冻胶分散体深部调驱体系应在立足常规水驱油田化学控水的基础上，紧随国家油气发展战略进行深层次的研究。

一、冻胶分散体橇装式在线生产及注入一体化技术得到进一步提升

低油价背景条件下，实施低成本的调驱技术是我国水驱油田开发重点。为进一步降低多尺度冻胶分散体深部调驱的作业成本，开发了橇装式多尺度冻胶分散体在线生产及注入一体化装备，并得到了中国船级社、法国船级社的双认证，目前已在胜利油田、新疆油田、中海油蓬勃海上作业平台陆续投入使用，其中中海油海上作业平台装备日产能 30t，有效克服了冻胶分散体运输困难、包装成本高的弊端。低油价下如何实现冻胶分散体橇装式在线生产及注入一体化技术的提质增效是下一步工作重点，重点攻克不同复杂工况（沙漠、滩涂、丘陵、海上狭小作业平台等）装备的简单化、智能化，实现常规工况及复杂工况的全覆盖。加强橇装工艺装备核心部件的标准化和精细化，加速技术装备走出国门，扩大冻胶分散体深部调驱技术的国外矿场应用规模及国际影响力。

二、冻胶分散体技术体系化学控水机制的完善

仍需进一步完善多尺度冻胶分散体的化学控水机制，重点研究多尺度冻胶分散体深部调驱技术与其他驱油技术的协同增效机理，完善冻胶分散体技术体系的化学控水机制。

三、深层油气藏多尺度冻胶分散体化学控水技术的发展

深层油气藏具有埋藏深，"高温、高盐、高压"的特点，但储层同样存在严重非均质性，如何高效调控深层油气藏的非均质性储层面临重大挑战。冻胶分散体深部调驱技术已开展了温度 150℃、矿化度 30 万 mg/L 复杂油气藏的应用研究，取得了成功，但适应深层油气藏的冻胶分散体化学控水技术尚有很多难题有待突破。重点挑战耐超高温超高盐的聚合物冻胶和冻胶分散体，以提升本技术成果的竞争优势和油藏适用范围。对于本体冻胶体

系的聚合物结构设计方面，在聚合物支链上接枝纳米无机颗粒材料（纳米二氧化硅、石墨等），形成键能更大，结构更为稳定的聚合物体系，攻关纳米无机强化聚合物耐超高温抗超高盐的稳定性机理；交联剂设计方面，协同利用共价键与非共价键构建更为稳定的本体冻胶体系，开展苛刻油藏条件下本体冻胶稳定性机理研究。